16G101 图集应用系列丛书

16G101 图集应用
——平法钢筋算量

上官子昌 主编

中国建筑工业出版社

图书在版编目（CIP）数据

16G101图集应用——平法钢筋算量/上官子昌主编. —北京：中国建筑工业出版社，2016.12
（16G101图集应用系列丛书）
ISBN 978-7-112-20091-7

Ⅰ. ①平… Ⅱ. ①上… Ⅲ. ①钢筋混凝土结构-结构计算 Ⅳ. ①TU375.01

中国版本图书馆 CIP 数据核字（2016）第 273466 号

本书依据《16G101-1》、《16G101-2》、《16G101-3》三本最新图集编写，主要内容包括平法钢筋算量的基本知识、独立基础、条形基础、筏形基础等基础构件的平法识图与钢筋算量，梁、柱、板以及剪力墙构件等主体构件的平法识图与钢筋算量。本书内容系统，实用性强，便于理解，方便读者理解掌握，可供设计人员、施工技术人员、工程造价人员以及相关专业大中专的师生学习参考。

您若对本书有什么意见、建议，或您有图书出版的意愿或想法，欢迎致函 289052980@qq.com.cn 交流沟通！

* * *

责任编辑：张　磊　郭　栋　岳建光
责任设计：李志立
责任校对：陈晶晶　张　颖

16G101图集应用系列丛书

16G101图集应用——平法钢筋算量

上官子昌　主编

*

中国建筑工业出版社出版、发行（北京西郊百万庄）
各地新华书店、建筑书店经销
霸州市顺浩图文科技发展有限公司制版
北京同文印刷有限责任公司印刷

*

开本：787×1092毫米　1/16　印张：13　字数：300千字
2016年12月第一版　2018年8月第三次印刷
定价：**35.00**元
ISBN 978-7-112-20091-7
（29538）

本书编委会

主　编　上官子昌

参　编　韩　旭　　刘秀民　　吕克顺　　李冬云

　　　　张文权　　张　敏　　危　聪　　高少霞

　　　　隋红军　　殷鸿彬　　白雅君

前　　言

平法制图是指按"平面整体表示方法制图规则所绘制的结构构造详图"的简称。平法，即建筑结构施工图平面整体设计方法，与传统的结构平面布置图加构件详图的表示方法不同，平法设计是把结构构件的尺寸和配筋等，按照平面整体表示方法制图规则，直接标注在结构平面布置图上，常规构造由标准详图提供，特殊构造由具体结构设计人员扩充，是一种新的施工图设计文件表达方法。它改变了传统的那种构件从结构平面布置图中索引出来，再逐个绘制配筋详图的繁琐方法，大大提高了设计效率，减少了绘图工作量，使图纸表达更为直观，也便于识读。

鉴于图集16G101-1《混凝土结构施工图平面整体表示方法制图规则和构造详图（现浇混凝土框架、剪力墙、梁、板）》、16G101-2《混凝土结构施工图平面整体表示方法制图规则和构造详图（现浇混凝土板式楼梯）》、16G101-3《混凝土结构施工图平面整体表示方法制图规则和构造详图（独立基础、条形基础、筏形基础、桩基础）》、12G901-1《混凝土结构施工钢筋排布规则与构造详图（现浇混凝土框架、剪力墙、梁、板）》以及国家标准《中国地震动参数区划图》GB 18306—2015、《混凝土结构设计规范（2015年版）》GB 50010—2010、《建筑抗震设计规范》GB 50011—2010及2016年局部修订等规范进行了修改，我们根据这些新规范和新图集编写了此书。

由于作者的学识和经验有限，虽经编者尽心尽力但书中仍难免存在疏漏或未尽之处，敬请有关专家和读者予以批评指正。

2016年10月

目　　录

1 平法钢筋算量的基本知识

1.1 钢筋基本知识

1.1.1 钢筋的分类

1. 普通钢筋

普通钢筋指用于钢筋混凝土结构中的钢筋和预应力混凝土结构中的非预应力钢筋。用于钢筋混凝土结构的热轧钢筋分为 HPB300、HRB335、HRB400 和 RRB400 四个级别。《混凝土结构设计规范》GB 50010—2010 规定，普通钢筋宜采用 HRB335 级和 HRB400 级钢筋。

HPB300 级钢筋：光圆钢筋，公称直径范围为 8~20mm，推荐直径为 8、10、12、16、20mm。实际工程中只用作板、基础和荷载不大的梁、柱的受力主筋、箍筋以及其他构造钢筋。

HRB335 级钢筋：月牙纹钢筋，公称直径范围为 6~50mm，推荐直径为 6、8、10、12、16、20、25、32、40 和 50mm，是混凝土结构的辅助钢筋，实际工程中主要用作结构构件中的受力主筋。

HRB400 级钢筋：月牙纹钢筋，公称直径范围和推荐直径与 HRB335 钢筋相同。是混凝土结构的主要钢筋，实际工程中主要用作结构构件中的受力主筋。

RRB400 级钢筋：月牙纹钢筋，公称直径范围为 8~40mm，推荐直径为 8、10、12、16、20、25、32 和 40mm。强度虽高，但冷弯性能、疲劳性能以及可焊性均较差，其应用受到一定限制。

月牙纹钢筋形状，如图 1-1-1 所示。

2. 预应力钢筋

预应力钢筋应优先采用钢丝和钢绞线，也可采用热处理钢筋。

预应力钢丝：主要是消除应力钢丝，其外形有三种，即光面、螺旋肋、三面刻痕。

钢绞线：由多根高强钢丝绞在一起而形成的，有 3 股和 7 股两种，多用于后张预应力大型构件。

热处理钢筋：包括 $40Si_2Mn$、$48Si_2Mn$ 及 $45Si_2Cr$ 几种牌号，它们都以盘条形式供应，无需冷拉、焊接，施工方便。

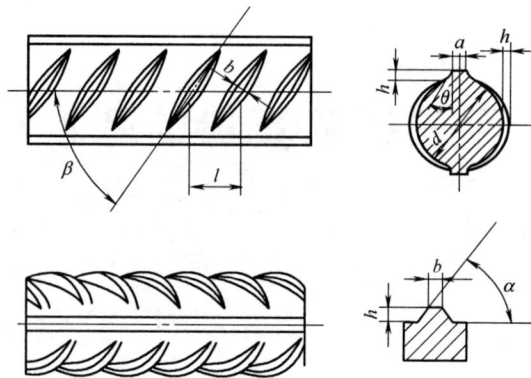

图 1-1-1 月牙纹钢筋形状

1.1.2 钢筋的等级与区分

一般将屈服强度在 300MPa 以上的钢筋称为二级钢筋，屈服强度在 400MPa 以上的钢筋称为三级钢筋，屈服强度在 500MPa 以上的钢筋称为四级钢筋，屈服强度在 600MPa 以上的钢筋称为五级钢筋。

在建筑行业中，Ⅱ级钢筋和Ⅲ级钢筋是旧标准的叫法，2002 年，Ⅱ级钢筋改称 HRB335 级钢筋，Ⅲ级钢筋改称 HRB400 级钢筋。简单地说，这两种钢筋的相同点是：都属于带肋钢筋（即通常说的螺纹钢筋）；都属于普通低合金热轧钢筋；都可以用于普通钢筋混凝土结构工程中。

不同点主要是：

（1）钢种不同（化学成分不同），HRB335 级钢筋是 20MnSi（20 锰硅）；HRB400 级钢筋是 20MnSiNb 或 20MnSiV 或 20MnTi 等；

（2）强度不同，HRB335 级钢筋的抗拉、抗压设计强度是 300MPa，HRB400 级钢筋的抗拉、抗压设计强度是 360MPa；

（3）由于钢筋的化学成分和极限强度的不同，因此在冷弯、韧性、抗疲劳等性能方面也有所不同。两种钢筋的理论重量，在长度和公称直径都相等的情况下是一样的。

两种钢筋在混凝土中对锚固长度的要求是不一样的。钢筋的锚固长度与钢筋的外形、钢筋的抗拉强度及混凝土的抗拉强度有关。

1.2 平法基础知识

1.2.1 平法的概念

建筑结构施工图平面整体设计方法（简称平法），对目前我国混凝土结构施工图的设计表示方法作了重大改革，被国家科委和建设部列为科技成果重点推广项目。

平法的表达形式，概括来讲，就是把结构构件的尺寸和配筋等，按照平面整体表示方法制图规则，整体直接表达在各类构件的结构平面布置图上，再与标准构造详图相配合，即构成一套新型完整的结构设计。改变了传统的那种将构件从结构平面布置图中索引出来，再逐个绘制配筋详图、画出钢筋表的繁琐方法。

按平法设计绘制的施工图，一般是由两大部分构成，即各类结构构件的平法施工图和标准构造详图，但对于复杂的工业与民用建筑，尚需增加模板、预埋件和开洞等平面图。只有在特殊情况下才需增加剖面配筋图。

按平法设计绘制结构施工图时，应明确下列几个方面的内容：

（1）必须根据具体工程设计，按照各类构件的平法制图规则，在按结构（标准）层绘制的平面布置图上直接表示各构件的配筋、尺寸和所选用的标准构造详图。出图时，宜按基础、柱、剪力墙、梁、板、楼梯及其他构件的顺序排列。

（2）应将所有各构件进行编号，编号中含有类型代号和序号等。其中，类型代号的主要作用是指明所选用的标准构造详图；在标准构造详图上，已经按其所属构件类型注明代号，以明确该详图与平法施工图中相同构件的互补关系，使两者结合构成完整的结构设计图。

（3）应当用表格或其他方式注明包括地下和地上各层的结构层楼（地）面标高、结构层高及相应的结构层号。

在单项工程中其结构层楼（地）面标高和结构层高必须统一，以确保基础、柱与墙、梁、板等用同一标准竖向定位。为了便于施工，应将统一的结构层楼（地）面标高和结构层高分别放在柱、墙、梁等各类构件的平法施工图中。

注：结构层楼（地）面标高是指将建筑图中的各层地面和楼面标高值扣除建筑面层及垫层做法厚度后的标高，结构层号应与建筑楼（地）面层号对应一致。

（4）按平法设计绘制施工图，为了能够保证施工员准确无误地按平法施工图进行施工，在具体工程的结构设计总说明中必须写明下列与平法施工图密切相关的内容：

1）选用平法标准图的图集号；

2）混凝土结构的使用年限；

3）有无抗震设防要求；

4）写明各类构件在其所在部位所选用的混凝土的强度等级和钢筋级别，以确定相应纵向受拉钢筋的最小搭接长度及最小锚固长度等；

5）写明柱纵筋、墙身分布筋、梁上部贯通筋等在具体工程中需接长时所采用的接头形式及有关要求。必要时，尚应注明对钢筋的性能要求；

6）当标准构造详图有多种可选择的构造做法时，写明在何部位选用何种构造做法。当没有写明时，则为设计人员自动授权施工员可以任选一种构造做法进行施工；

7）对混凝土保护层厚度有特殊要求时，写明不同部位的构件所处的环境类别在平面布置图上表示各构件配筋和尺寸的方式，分平面注写方式、截面注写方式和列表注写方式三种。

1.2.2 平法的特点

六大效果验证"平法"科学性，从 1991 年 10 月"平法"首次运用于济宁工商银行营业楼，到此后的三年在几十项工程设计上的成功实践，"平法"的理论与方法体系向全社会推广的时机已然成熟。1995 年 7 月 26 日，在北京举行了由建设部组织的"《建筑结构施工图平面整体设计方法》科研成果鉴定"，会上，我国结构工程界的众多知名专家对"平法"的六大效果一致认同，这六大效果如下：

1. 掌握全局

"平法"使设计者容易进行平衡调整，易校审，易修改，改图可不牵连其他构件，易控制设计质量；"平法"能适应业主分阶段分层提图施工的要求，也能适应在主体结构开始施工后又进行大幅度调整的特殊情况。"平法"分结构层设计的图纸与水平逐层施工的顺序完全一致，对标准层可实现单张图纸施工，施工工程师对结构比较容易形成整体概念，有利于施工质量管理。平法采用标准化的构造详图，形象、直观，施工易懂、易操作。

2. 更简单

"平法"采用标准化的设计制图规则，结构施工图表达符号化、数字化，单张图纸的信息量较大并且集中；构件分类明确，层次清晰，表达准确，设计速度快，效率成倍提高。

3. 更专业

标准构造详图可集国内较可靠、成熟的常规节点构造之大成，集中分类归纳后编制成国家建筑标准设计图集供设计选用，可避免反复抄袭构造做法及伴生的设计失误，确保节点构造在设计与施工两个方面均达到高质量。另外，对节点构造的研究、设计和施工实现专门化提出了更高的要求。

4. 高效率

"平法"大幅度提高设计效率可以立竿见影，能快速解放生产力，迅速缓解基本建设高峰时期结构设计人员紧缺的局面。在推广平法比较早的建筑设计院，结构设计人员与建筑设计人员的比例已明显改变，结构设计人员在数量上已经低于建筑设计人员，有些设计院结构设计人员只是建筑设计人员的二分之一至四分之一，结构设计周期明显缩短，结构设计人员的工作强度已显著降低。

5. 低能耗

"平法"大幅度降低设计消耗，降低设计成本，节约自然资源。平法施工图是定量化、有序化的设计图纸，与其配套使用的标准设计图集可以重复使用，与传统方法相比图纸量减少 70％左右，综合设计工日减少三分之二以上，每十万平方米设计面积可降低设计成本 27 万元，在节约人力资源的同时还节约了自然资源。

6. 改变用人结构

"平法"促进人才分布格局的改变，实质性地影响了建筑结构领域的人才结构。设计单位对土木工程专业大学毕业生的需求量已经明显减少，为施工单位招聘结构人才留出了相当空间，大量土木工程专业毕业生到施工部门择业逐渐成为普遍现象，使人才流向发生了比较明显的转变，人才分布趋向合理。随着时间的推移，高校培养的大批土建高级技术人才必将对施工建设领域的科技进步产生积极作用。促进人才竞争，"平法"促进结构设计水平的提高，促进设计院内的人才竞争。设计单位对年度毕业生的需求有限，自然形成了人才的就业竞争，竞争的结果自然应为比较优秀的人才有较多机会进入设计单位，长此以往，可有效提高结构设计队伍的整体素质。

1.2.3 平法制图与传统图示方法的区别

（1）如框架图中的梁和柱，在"平法制图"中的钢筋图示方法，施工图中只绘制梁、柱平面图，不绘制梁、柱中配置钢筋的立面图（梁不画截面图；而柱在其平面图上，只按编号不同各取一个在原位放大画出带有钢筋配置的柱截面图）。

（2）传统的框架图中梁和柱，既画梁、柱平面图，同时也绘制梁、柱中配置钢筋的立面图及其截面图；但在"平法制图"中的钢筋配置，省略不画这些图，而是去查阅《混凝土结构施工图平面整体表示方法制图规则和构造详图》。

（3）传统的混凝土结构施工图，可以直接从其绘制的详图中读取钢筋配置尺寸，而"平法制图"则需要查找相应的详图——《混凝土结构施工图平面整体表示方法制图规则和构造详图》中相应的详图，而且，钢筋的大小尺寸和配置尺寸，均以"相关尺寸"（跨度、钢筋直径、搭接长度、锚固长度等）为变量的函数来表达，而不是具体数字。借此用来实现其标准图的通用性。概括地说，"平法制图"使混凝土结构施工图的内容简化了。

（4）柱与剪力墙的"平法制图"，均以施工图列表注写方式，表达其相关规格与尺寸。

（5）"平法制图"中的突出特点，表现在梁的"原位标注"和"集中标注"上。"原位标注"概括地说分两种：标注在柱子附近处，且在梁上方，是承受负弯矩的箍筋直径和根数，其钢筋布置在梁的上部。标注在梁中间且下方的钢筋，是承受正弯矩的，其钢筋布置在梁的下部。"集中标注"是从梁平面图的梁处引铅垂线至图的上方，注写梁的编号、挑梁类型、跨数、截面尺寸、箍筋直径、箍筋肢数、箍筋间距、梁侧面纵向构造钢筋或受扭钢筋的直径和根数、通长筋的直径和根数等。如果"集中标注"中有通长筋时，则"原位标注"中的负筋数包含通长筋的数。

（6）在传统的混凝土结构施工图中，计算斜截面的抗剪强度时，在梁中配置 45°或 60°的弯起钢筋。而在"平法制图"中，梁不配置这种弯起钢筋。而是由加密的箍筋来承受其斜截面的抗剪强度。

1.3 老图集与 16G101 图集之间的区别

1.3.1 G101 平法图集发行状况

G101 平法图集发行状况，见表 1-3-1。

G101 平法图集发行状况
表 1-3-1

年份	大事记	说明
1995 年 7 月	平法通过了建设部科技成果鉴定	
1996 年 6 月	平法列为建设部一九九六年科技成果重点推广项目	
1996 年 9 月	平法被批准为《国家级科技成果重点推广计划》	
1996 年 11 月	《96G101》发行	《96G101》、《00G101》、《03G101-1》讲述的均是梁、柱、墙构件
2000 年 7 月	《96G101》修订为《00G101》	
2003 年 1 月	《00G101》依据国家 2000 系列混凝土结构新规范修订为《03G101-1》	
2003 年 7 月	《03G101-2》发行	板式楼梯平法图集
2004 年 2 月	《04G101-3》发行	筏形基础平法图集
2004 年 11 月	《04G101-4》发行	楼面板及屋面板平法图集
2006 年 9 月	《06G101-6》发行	独立基础、条形基础、桩基承台平法图集
2009 年 1 月	《08G101-5》发行	箱形基础及地下室平法图集
2011 年 7 月	《11G101-1》发行	混凝土结构施工图平面整体表示方法制图规则和构造详图(现浇混凝土框架、剪力墙、梁、板)
2011 年 7 月	《11G101-2》发行	混凝土结构施工图平面整体表示方法制图规则和构造详图(现浇混凝土板式楼梯)
2011 年 7 月	《11G101-3》发行	混凝土结构施工图平面整体表示方法制图规则和构造详图(独立基础、条形基础、筏形基础及桩基承台)
2016 年 9 月	《16G101-1》发行	混凝土结构施工图平面整体表示方法制图规则和构造详图(现浇混凝土框架、剪力墙、梁、板)
2016 年 9 月	《16G101-2》发行	混凝土结构施工图平面整体表示方法制图规则和构造详图(现浇混凝土板式楼梯)
2016 年 9 月	《16G101-3》发行	混凝土结构施工图平面整体表示方法制图规则和构造详图(独立基础、条形基础、筏形基础、桩基础)

1.3.2 新老图集不同之处

16G101 系统平法图集较 11G101 系列图集较大变化有：

1. 设计依据的变化

新平法图集 16G101-1~16G101-3 是按照新版规范对原 G101 系列图集中标准构造详图部分做了全面系统的修订和补充，并结合设计人员习惯对制图规则部分进行了优化。

（1）11G101 图集

1)《混凝土结构设计规范》GB 50010—2010；

2)《建筑抗震设计规范》GB 50011—2010；

3)《高层建筑混凝土结构技术规程》JGJ 3—2010；

4)《建筑结构制图标准》GB/T 50105—2010。

（2）16G101 图集

1)《中国地震动参数区划图》GB 18306—2015；

2)《混凝土结构设计规范》（2015 年版）GB 50010—2010；

3)《建筑抗震设计规范》及 2016 年局部修订 GB 50011—2010；

4)《高层建筑混凝土结构技术规程》JGJ 3—2010；

5)《建筑结构制图标准》GB/T 50105—2010。

2. 适用范围变化

16G101-1 适用于抗震设防烈度为 6～9 度地区的现浇混凝土框架、剪力墙、框架-剪力墙和部分框支剪力墙等主体结构施工图的设计，以及各类结构中的现浇混凝土板（包括有梁楼盖和无梁楼盖）、地下室结构部分现浇混凝土墙体、柱、梁、板结构施工图的设计。包括基础顶面以上的现浇混凝土柱、剪力墙、梁、板（包括有梁楼盖和无梁楼盖）等构件的平法制图规则和标准构造详图两大部分。

16G101-3 适用于各种结构类型的现浇混凝土独立基础、条形基础、筏形基础（分梁板式和平板式）及桩基础施工图设计。包括常用的现浇混凝土独立基础、条形基础、筏形基础（分梁板式和平板式）、桩基础的平法制图规则和标准构造详图两大部分内容。

3. 受拉钢筋锚固长度等一般构造变化

16G101 系列平法图集依据新规范确定了受拉钢筋的基本锚固长度 l_{ab}、l_{abE}，以及锚固长度 l_a、l_{aE} 的计算方式。较 11G101 系列平法图集取值方式、修正系数、最小锚固长度都发生了变化。

4. 柱变化的点

（1）底层刚性地面上下各加密 500 变化。

（2）KZ 变截面位置纵向钢筋构造变化。

（3）增加了 KZ 边柱、角柱柱顶等截面伸出时纵向钢筋构造。

（4）取消了非抗震 KZ 纵向钢筋连接构造、非抗震 KZ 边柱和角柱柱顶纵向钢筋构造、非抗震 KZ 中柱柱顶纵向钢筋构造、非抗震 KZ 变截面位置纵向钢筋构造、非抗震 KZ 箍筋构造、非抗震 QZ、LZ 纵向钢筋构造。

5. 剪力墙变化的点

（1）剪力墙水平分布钢筋变化；增加了翼墙（二）、（三）和端柱端部墙（二）；取消了水平变截面墙水平钢筋构造。

（2）剪力墙竖向钢筋构造变化；增加了抗震缝处墙局部构造、施工缝处抗剪用钢筋连接构造。

（3）增加构造边缘暗柱（二）、（三）、构造边缘翼墙（二）、（三）、构造边缘转角墙（二）、剪力墙连梁 LLK 纵向钢筋、箍筋加密区构造。

（4）剪力墙连梁 LL 配筋构造变化；连梁、暗梁和边框梁侧面纵筋和拉筋构造中增加 LL（二）、（三）。

（5）剪力墙水平分布钢筋计入约束边缘构件体积配箍率的构造做法变化。

（6）剪力墙 BKL 或 AL 与 LL 重叠时配筋构造变化。

（7）连梁交叉斜筋配筋构造变化。

（8）连梁集中对角斜筋配筋构造变化。

（9）连梁对角暗撑配筋构造变化。

（10）地下室外墙 DWK 钢筋构造变化。

（11）剪力墙洞口补强构造变化。

6. 梁变化的点

（1）取消了非抗震楼层框架梁 KL 纵向钢筋构造、非抗震屋面框架梁 WKL 纵向钢筋构造、非抗震框架梁 KL、WKL 箍筋构造、非框架梁 L 中间支座纵向钢筋构造节点②。

（2）屋面框架梁 WKL 纵向钢筋构造变化。

（3）框架水平、竖向加腋构造变化。

（4）KL、WKL 中间支座纵向钢筋构造变化。

（5）非框架梁配筋构造变化。

（6）不伸入支座的梁下部纵向钢筋断点位置变化。

（7）附加箍筋范围、附加吊筋构造变化。

（8）增加了端支座非框架梁下部纵筋弯锚构造、受扭非框架梁纵筋构造、框架扁梁中柱节点、框架扁梁边柱节点、框架扁梁箍筋构造、框支梁 KZL 上部墙体开洞部位加强做法、托柱转换梁 TZL 托柱位置箍筋加密构造。

（9）原图集"框支柱 KZZ"变成"转换柱 ZHZ"。

7. 板变化的点

（1）板在端部支座的锚固构造变化。

（2）悬挑板钢筋构造变化。

（3）板带端支座纵向钢筋构造变化。

（4）局部升降板构造变化。

（5）悬挑板阳角放射筋构造变化。

（6）悬挑板阴角构造变化。

（7）柱帽构造变化，增加了柱顶柱帽柱纵向钢筋构造。

1.3.3 16G101 平法图集学习方法

1. G101 平法图集的构成

每册 G101 平法图集由"平法制图规则"和"标准构造详图"两部分组成。

（1）平法制图规则包括

设计人员：绘制平法施工图的制图规则；

使用平法施工图的人员：阅读平法施工图的语言。

（2）标准构造详图包括

标准构造做法，钢筋算量的计算规则。

2. 16G101平法图集

16G101平法图集主要通过学习制图规则来识图，通过学习构造详图来了解钢筋的构造及计算。制图规则的学习，可以总结为以下三方面的内容：

（1）平法表达方式。指该构件按平法制图的表达方式，比如独立基础有平面注写和截面注写。

（2）数据项。指该构件要标注的数据项，比如编号、配筋等。

（3）数据标注方式。指数据项的标注方式，比如集中标注和原位标注。

3. 16G101平法图集的学习方法

本书将平法图集中的学习方法总结为：知识归纳和重点比较。

（1）知识归纳

1）以基础构件或主体构件为基础，围绕钢筋，对各构件平法表达方式，数据项，数据注写方式等进行归纳。

比如：独立基础平法制图知识体系，见图1-3-1。

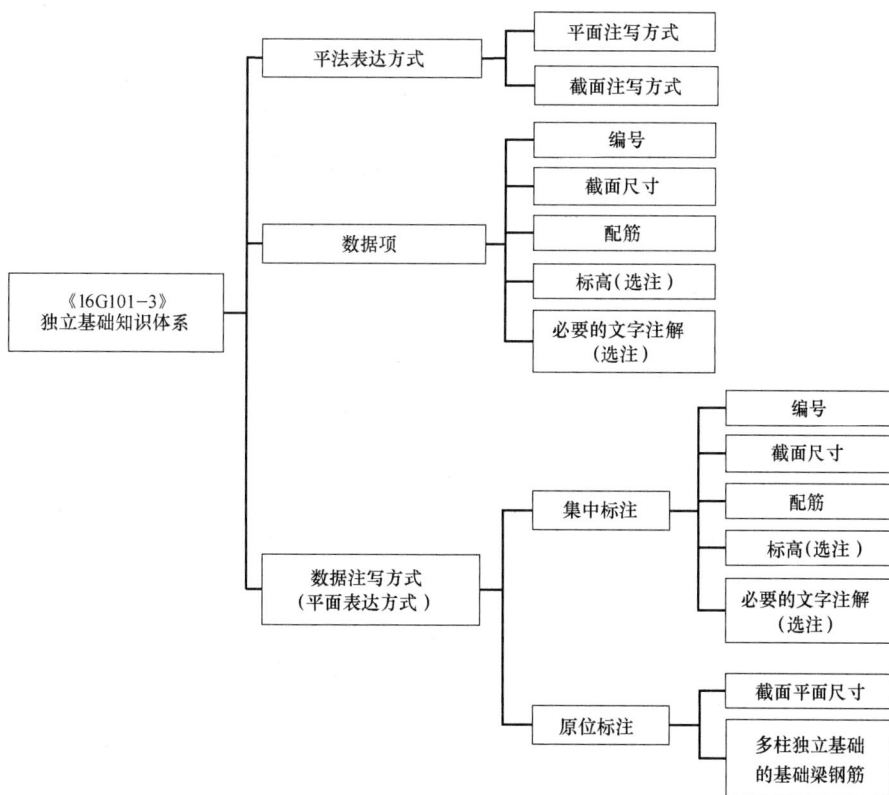

图1-3-1 独立基础平法制图知识体系

2）对同一构件的不同种类钢筋进行整理。

比如条形基础的钢筋种类知识体系如图1-3-2所示：

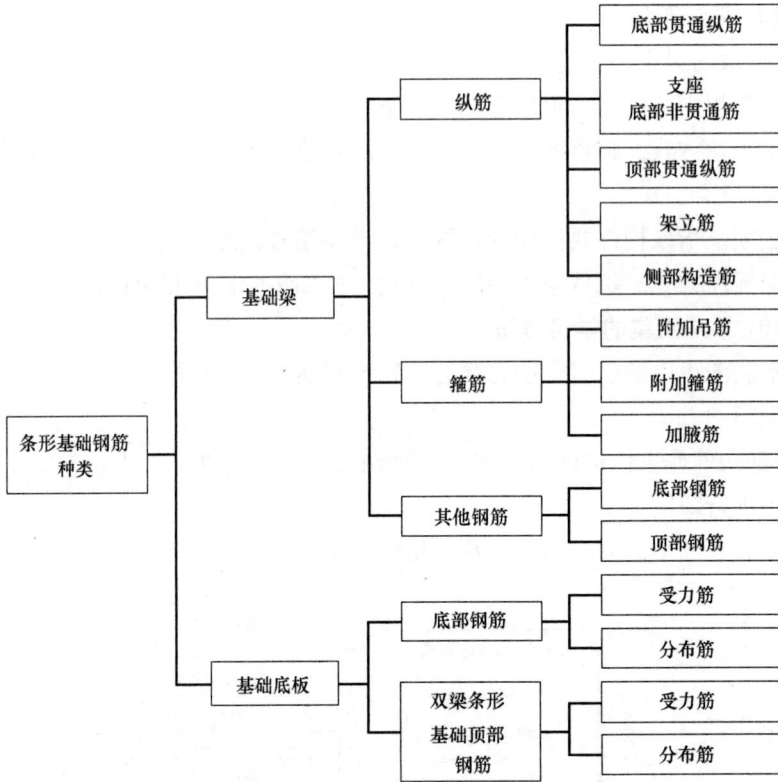

图 1-3-2 条形基础的钢筋种类知识体系

（2）重点比较

1）同类构件中：楼层与屋面、地下与地上等的重点比较。

比如，基础主梁底部贯通纵筋在端部无外伸的构造，就有差别，通过这种差别可以帮助我们对照理解不同构件的钢筋构造。

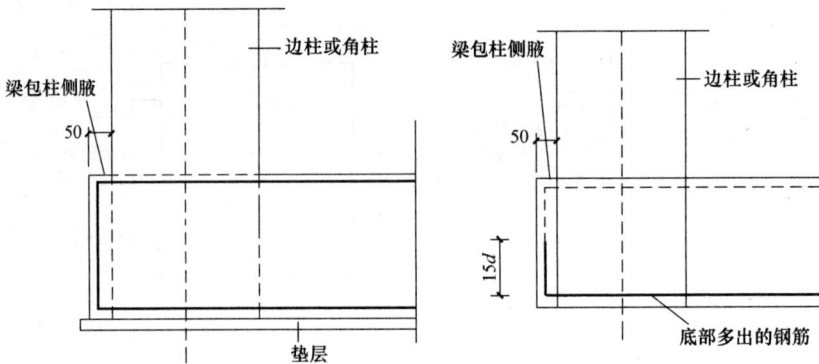

2）不同类构件，但同类钢筋的重点比较。

比如条形基础底板受力筋的分布筋，与现浇楼板屋面板的支座负筋分布筋可以重点比较。

2 独立基础

2.1 独立基础平法识图

2.1.1 《16G101》独立基础平法识图学习方法

独立基础构件的平法制图规则知识体系如图 2-1-1 所示。

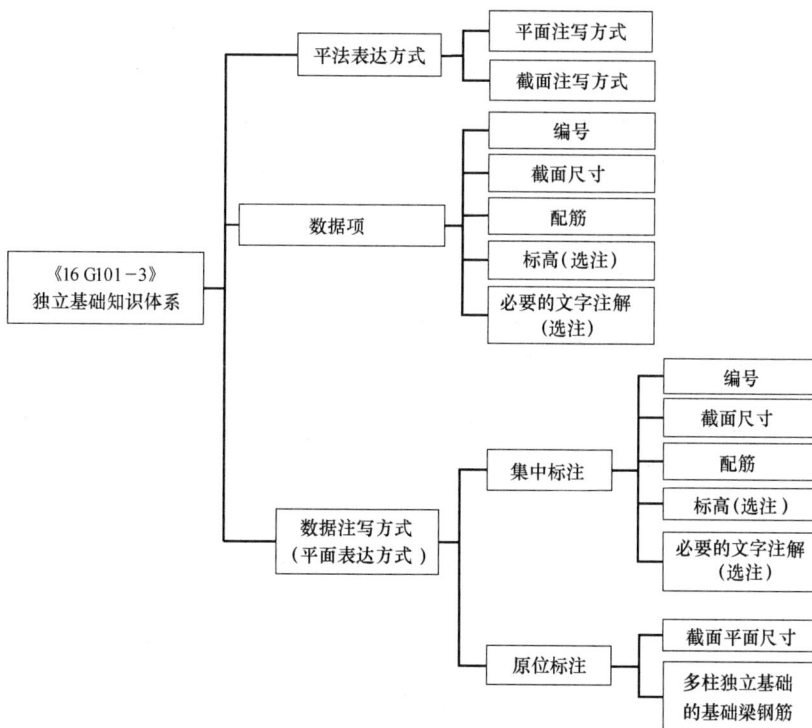

图 2-1-1 独立基础知识体系

2.1.2 独立基础平法识图

1. 独立基础的平面注写方式

独立基础的平面注写方式是指直接在独立基础平面布置图上进行数据项的标注,可分为集中标注和原位标注两部分内容。如图 2-1-2 所示。

集中标注是在基础平面布置图上集中引注:基础编号、截面竖向尺寸、配筋三项必注

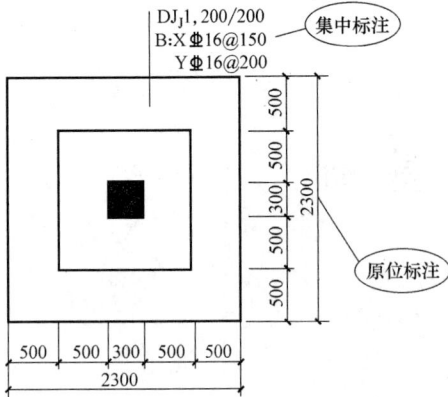

图 2-1-2 独立基础平面注写方式

内容，以及基础底面标高（基础底面基准标高不同时）和必要的文字注解两项选注内容。

原位标注是在基础平面布置图上标注独立基础的平面尺寸。

2. 集中标注

（1）独立基础集中标注示意图

独立基础集中标注包括编号、截面竖向尺寸、配筋三项必注内容，见图 2-1-3。

（2）独立基础编号及类型

独立基础集中标注的第一项必注内容是基础编号，基础编号表示了独立基础的类型，可分为普通独立基础和杯口独立基础两类，各又分为阶形和坡形，见表 2-1-1。

（3）独立基础截面竖向尺寸

独立基础集中标注的第二项必注内容是截面竖向尺寸。下面按普通独立基础和杯口独立基础分别进行说明。

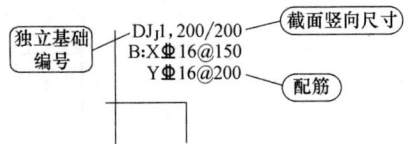

图 2-1-3 独立基础集中标注

1）普通独立基础。注写 $h_1/h_2/\cdots\cdots$，具体标注为：

独立基础编号识图   表 2-1-1

类型	基础底板截面形式	示意图	代号	序号
普通独立基础	阶形		DJ_J	××
	坡形		DJ_P	××
杯口独立基础	阶形		BJ_J	××
	坡形		BJ_P	××

① 当基础为阶形截面时，见图 2-1-4。

【例】 当阶形截面普通独立基础 DJ_J×× 的竖向尺寸注写为 400/300/300 时，表示 $h_1 = 400$、$h_2 = 300$、$h_3 = 300$，基础底板总厚度为 1000。

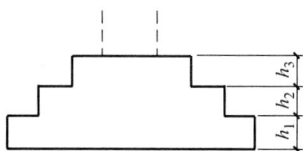

图 2-1-4 阶形截面普通独立基础竖向尺寸

上例及图 2-1-4 为三阶；当为更多阶时，各阶尺寸自下而上用"/"分隔顺写。

当基础为单阶时，其竖向尺寸仅为一个，且为基础总高度，见图 2-1-5。

② 当基础为坡形截面时，注写为 h_1/h_2，见图 2-1-6。

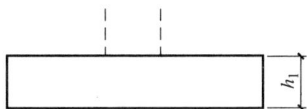

图 2-1-5 单阶普通独立基础竖向尺寸

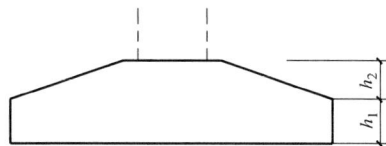

图 2-1-6 坡形截面普通独立基础竖向尺寸

【例】 当坡形截面普通独立基础 DJp×× 的竖向尺寸注写为 350/300 时，表示 $h_1 = 350$、$h_2 = 300$，基础底板总高度为 650。

2）杯口独立基础：

① 当基础为阶形截面时，其竖向尺寸分两组，一组表达杯口内，另一组表达杯口外，两组尺寸以","分隔，注写为：a_0/a_1，$h_1/h_2/\cdots\cdots$，其含义见示意图 2-1-7～图 2-1-10，其中杯口深度 a_0 为柱插入杯口的尺寸加 50mm。

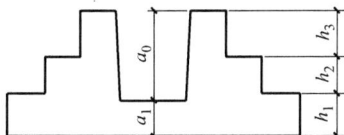

图 2-1-7 阶形截面杯口独立基础竖向尺寸（一）

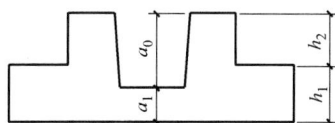

图 2-1-8 阶形截面杯口独立基础竖向尺寸（二）

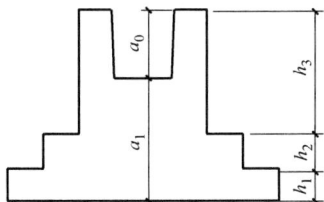

图 2-1-9 阶形截面高杯口独立基础竖向尺寸（一）

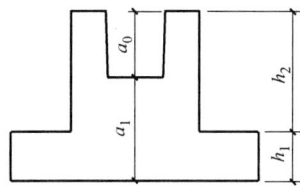

图 2-1-10 阶形截面高杯口独立基础竖向尺寸（二）

② 当基础为坡形截面时，注写为：a_0/a_1，$h_1/h_2/h_3/\cdots\cdots$，其含义见图 2-1-11 和图 2-1-12。

（4）独立基础编号及截面尺寸识图实例

独立基础的平法识图，是指根据平法施工图得出该基础的剖面形状尺寸，下面举例

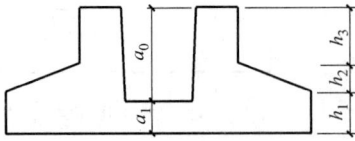

图 2-1-11 坡形截面杯口
独立基础竖向尺寸

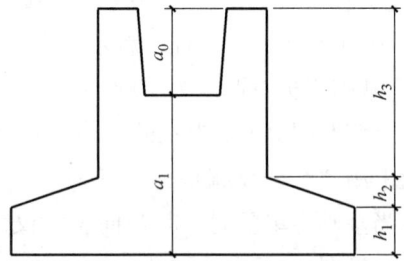

图 2-1-12 坡形截面高杯口
独立基础竖向尺寸

说明。

如图 2-1-13，可看出该基础为阶形杯口基础，$a_0 = 1000$，$a_1 = 200$，$h_1 = 670$，$h_2 = 530$。再结合原位标注的平面尺寸从而识图得出该独立基础的剖面形状尺寸，见图 2-1-14。

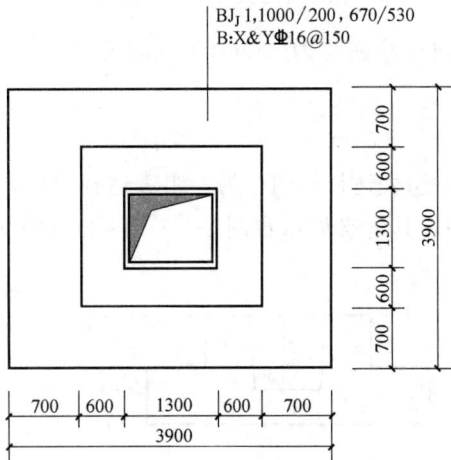

图 2-1-13 BJ$_J$1 平法施工图

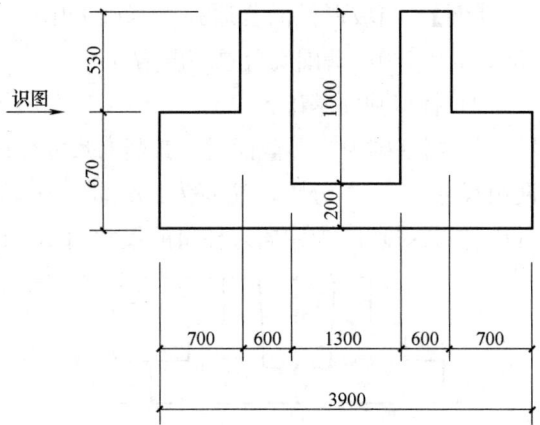

图 2-1-14 BJ$_J$1 识图

（5）独立基础配筋

独立基础集中标注的第三项必注内容是配筋，如图 2-1-15 所示。独立基础的配筋有五种情况，见图 2-1-16。

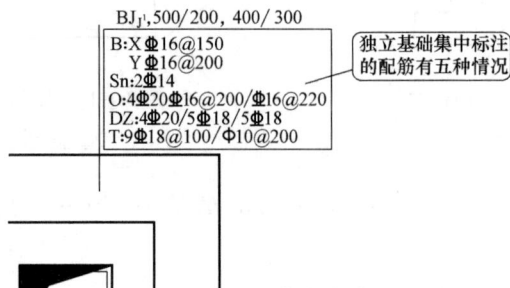

图 2-1-15 独立基础配筋注写方式

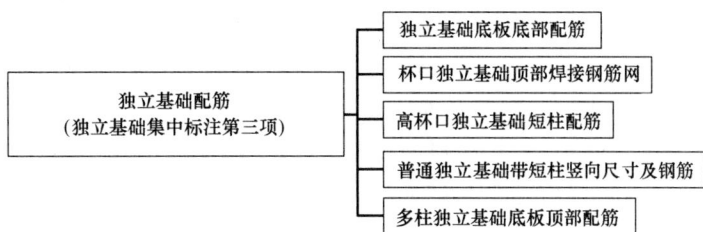

图 2-1-16 独立基础配筋情况

1）独立基础底板底部配筋

独立基础底板底部配筋表示方法可分为两种：

注写独立基础底板配筋。普通独立基础和杯口独立基础的底部双向配筋注写规定如下：

a. 以 B 代表各种独立基础底板的底部配筋。

b. X 向配筋以 X 打头、Y 向配筋以 Y 打头注写；当两向配筋相同时，则以 X&Y 打头注写。

【例】 当独立基础底板配筋标注为：B：X⏀16@150，Y⏀16@200；表示基础底板底部配置 HRB400 级钢筋，X 向直径为 16，间距 150；Y 向直径为 16，间距 200。见图 2-1-17。

2）杯口独立基础顶部焊接钢筋网

以 Sn 打头引注杯口顶部焊接钢筋网的各边钢筋。见图 2-1-18（本图只表示钢筋网），表示杯口顶部每边配置 2 根 HRB400 级直径为 14 的焊接钢筋网。

双杯口独立基础顶部焊接钢筋网，见图 2-1-19（本图只表示钢筋网），表示杯口每边和双杯口中间杯壁的顶部均配置 2 根 HRB400 级直径为 16 的焊接钢筋网。

当双杯口独立基础中间杯壁厚度小于 400mm 时，在中间杯壁中配置构造钢筋见相应标准构造详图，设计不注。

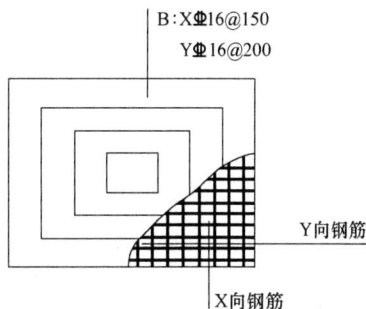

图 2-1-17 独立基础底板底部
双向配筋示意

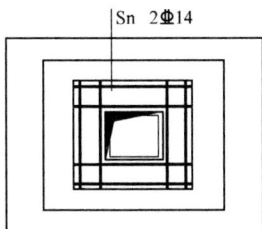

图 2-1-18 单杯口独立基础顶部
焊接钢筋网示意

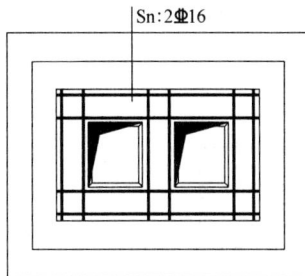

图 2-1-19 双杯口独立基础顶
部焊接钢筋网示意

3）高杯口独立基础短柱配筋（亦适用于杯口独立基础杯壁有配筋的情况）

以 O 代表短柱配筋。先注写短柱纵筋，再注写箍筋。注写为：角筋/长边中部筋/短边中部筋，箍筋（两种间距）；当短柱水平截面为正方形时，注写为：角筋/x 边中部筋/y 边中部筋，箍筋（两种间距，短柱杯口壁内箍筋间距/短柱其他部位箍筋间距）。

见图 2-1-20，表示高杯口独立基础的短柱配置 HRB400 级竖向纵筋和 HPB300 级箍筋。其竖向纵筋为：4Φ20 角筋、Φ16@220 长边中部筋和 Φ16@200 短边中部筋；其箍筋直径为 10，短柱杯口壁内间距 150，短柱其他部位间距 300。

双高杯口独立基础的短柱配筋，注写形式与单高杯口相同。见图 2-1-21（本图只表示基础短柱纵筋与矩形箍筋）。

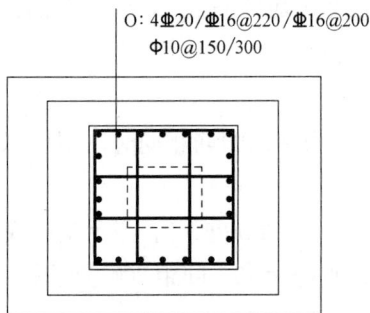

图 2-1-20　高杯口独立基础短柱配筋示意

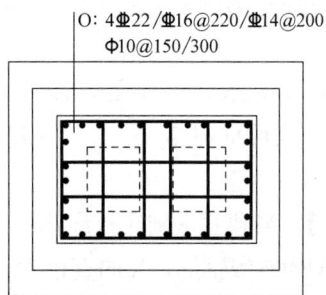

图 2-1-21　双高杯口独立基础短柱配筋示意

当双高杯口独立基础中间杯壁厚度小于 400mm 时，在中间杯壁中配置构造钢筋见相应标准构造详图，设计不注。

4）普通独立基础带短柱竖向尺寸及钢筋

独立基础集中标注的配筋信息的第四种情况，是以 DZ 打头的配筋，是指普通独立基础带短柱竖向尺寸及钢筋，先注写短柱纵筋，再注写箍筋，最后注写短柱标高范围。

短柱竖向尺寸及钢筋注写格式为："角筋/长边中部筋/短边中部筋，箍筋，短柱标高范围"。见图 2-1-22，表示独立基础的短柱设置在 −2.500～−0.050 高度范围内，配置 HRB400 级竖向纵筋和 HPB300 级箍筋。其竖向纵筋为：4Φ20 角筋、5Φ18x 边中部筋和 5Φ18y 边中部筋；其箍筋直径为 10、间距 100。

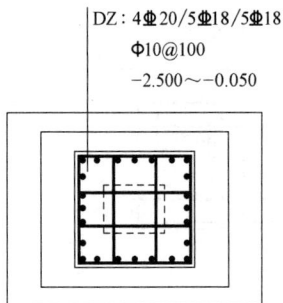

图 2-1-22　独立基础短柱配筋示意图

5）多柱独立基础底板顶部配筋

独立基础通常为单柱独立基础，也可为多柱独立基础（双柱或四柱等）。当为双柱独立基础时，通常仅基础底部配筋；当柱距离较大时，除基础底部配筋外，尚需在两柱间配置基础顶部钢筋或设置基础梁；当为四柱独立基础时，通常可设置两道平行的基础梁，需要时可在两道基础梁之间配置基础顶部钢筋。基础梁的平法识图及钢筋构造图等内容详见本书第四章筏形基础。

以"T"打头的配筋，就是指多柱独立基础的底板顶部配筋。

① 双柱独立基础柱间配置顶部钢筋

见图 2-1-23，先注写受力筋，再注写分布筋，T：9Φ18@100/Φ10@200；表示独立基础顶部配置纵向受力钢筋 HRB400 级，直径为Φ18 设置 9 根，间距 100；分布筋 HPB300 级，直径为 10，间距 200。

② 四柱独立基础底板顶部基础梁间配筋

见图 2-1-24，先注写受力筋，再注写分布筋。T：Φ16@120/Φ10@200；表示在四柱独立基础顶部两道基础梁之间配置受力钢筋 HRB400 级，直径为Φ16，间距 120；分布筋 HPB300 级，直径为Φ10，分布间距 200。

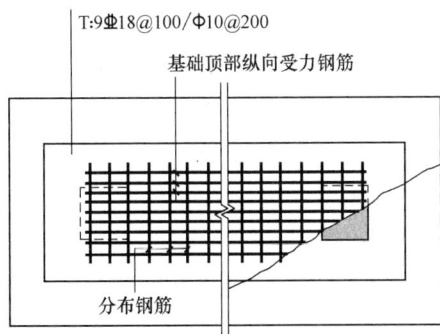

图 2-1-23　双柱独立基础底板顶部钢筋　　图 2-1-24　四柱独立基础底板顶部配筋

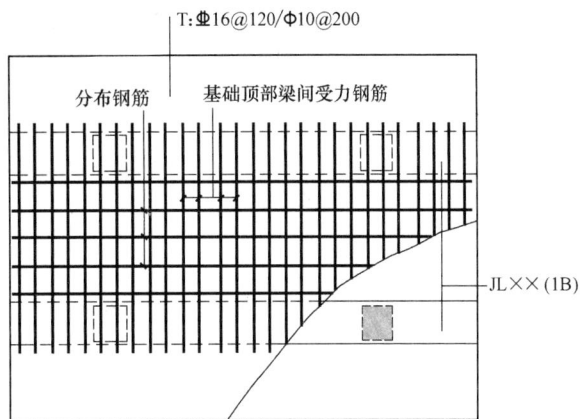

2.2　独立基础钢筋构造

本节主要介绍独立基础的钢筋构造，即独立基础的各种钢筋在实际工程中可能出现的各种构造情况，主要分为五种，分别是"底板底部钢筋"、"杯口独基顶部焊接钢筋网"、"高杯口独基短柱钢筋"、"普通独立基础带短柱竖向尺寸及钢筋"、"多柱独立基础顶部钢筋"知识结构如图 2-2-1 所示。

2.2.1　独立基础的钢筋种类

独立基础的钢筋种类，根据独立基础的构造类型，可分为五种情况，见图 2-2-2。实际工程中，根据平法施工图标注，具体计算。杯口独立基础一般用于工业厂房，民用建筑一般采用普通独立基础，本节就主要讲解普通独立基础的钢筋构造。

2.2.2　独立基础底板底部钢筋构造

1. 独立基础底板底部钢筋构造情况

本书中将独立基础底板底部配筋总结为两种情况，见图 2-2-3。

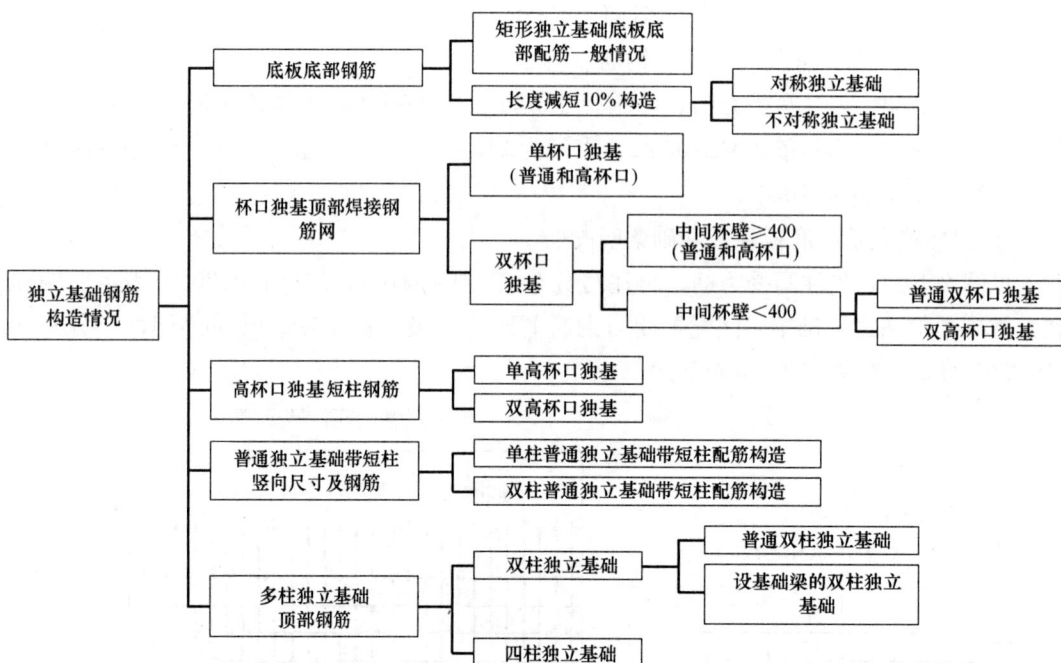

图 2-2-1　独立基础钢筋构造知识框图

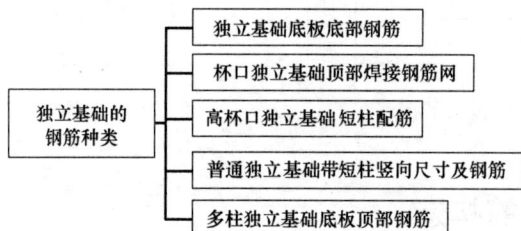

图 2-2-2　独立基础钢筋种类情况

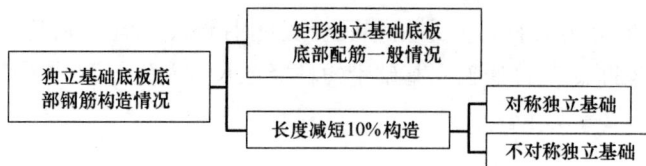

图 2-2-3　独立基础底板底部钢筋构造情况

2. 矩形独立基础

（1）钢筋构造要点

矩形独立基础底板底部钢筋的一般构造如图 2-2-4 所示，钢筋的计算包括长度和根数，其构造要点分别为：

1）长度构造要点

"c"是钢筋端部混凝土保护层厚度，取值参见图集《16G101-3》第 57 页。

2）根数计算要点

"s'"是钢筋间距，第一根钢筋布置的位置距构件边缘的距离是"起步距离"，独立基础底部钢筋的起步距离不大于75mm且不大于$s'/2$，数学公式可以表示为 min（75，$s'/2$）。

（2）钢筋计算公式（以X向钢筋为例）

$$长度＝x-2c$$

$$根数＝[y-2×\min(75,s'/2)]/s'+1$$

3. 长度缩减10%的构造

当底板长度不小于2500mm时，长度缩减10%，分为对称、不对称两种情况。

图 2-2-4　矩形独立基础底筋一般情况

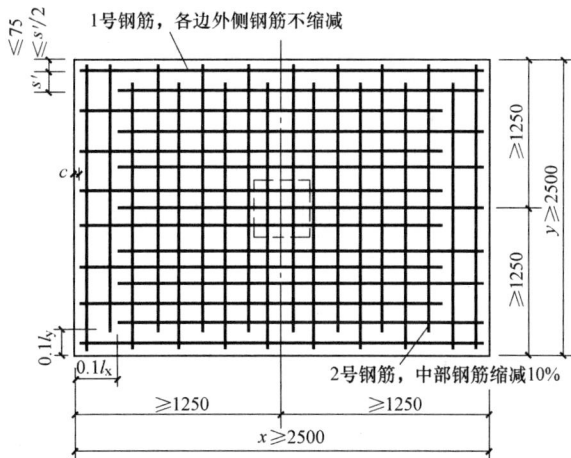

（1）对称独立基础

1）钢筋构造要点

对称独立基础底板底部钢筋长度缩减10%的构造如图2-2-5所示，其构造要点为：

当独立基础底板长度≥2500mm时，除各边最外侧钢筋外，两向其他钢筋可相应缩减10%。

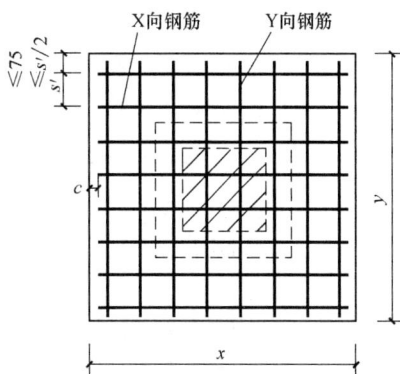

图 2-2-5　对称独立基础底筋缩减10%构造

2）钢筋计算公式（以X向钢筋为例）

① 各边外侧钢筋不缩减：1号钢筋长度＝$x-2c$

② 两向（X，Y）其他钢筋：2号钢筋长度＝$y-c-0.1l_x$

（2）非对称独立基础

1）钢筋构造要点

非对称独立基础底板底部钢筋缩减10%的构造，见图2-2-6，其构造要点为：

当独立基础底板长度≥2500mm时，各边最外侧钢筋不缩减；对称方向（如图2-2-6

中的 Y 向）中部钢筋长度缩减 10％；非对称方向：当基础某侧从柱中心至基础底板边缘的距离＜1250mm 时，该侧钢筋不缩减；当基础某侧从柱中心至基础底板边缘的距离不小于 1250mm 时，该侧钢筋隔一根缩减一根。

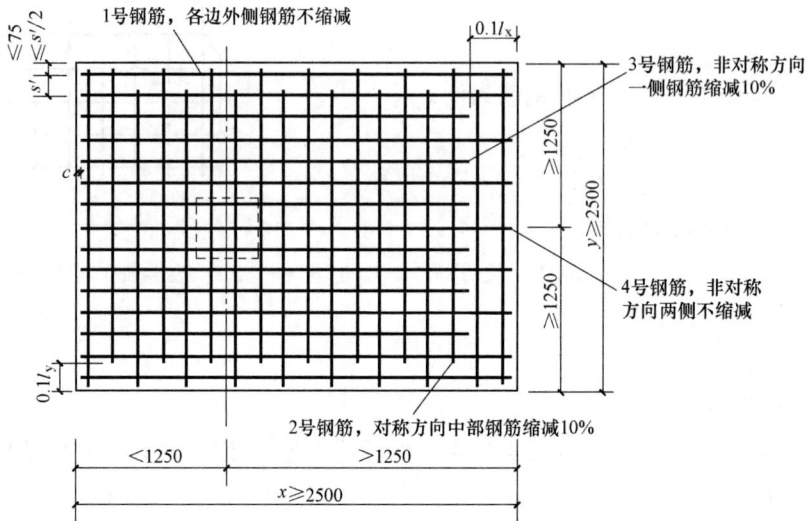

图 2-2-6 非对称独立基础底筋缩减 10％构造

2）钢筋计算公式（以 X 向钢筋为例）

① 各边外侧钢筋（1 号钢筋）不缩减：长度＝$x-2c$

② 对称方向中部钢筋（2 号钢筋）缩减 10％：长度＝$y-c-0.1l_y$

③ 非对称方向（一侧不缩减，另一侧间隔一根错开缩减）：

3 号钢筋：长度＝$x-c-0.1l_x$

4 号钢筋：长度＝$x-2c$

2.2.3 普通独立基础带短柱竖向尺寸及钢筋

1. 单柱带短柱独立基础带配筋

单柱带短柱独立基础带配筋，由 X 向中部竖向纵筋和 Y 向中部竖向纵筋组成，见图 2-2-7。

2. 双柱带短柱独立基础带配筋

双柱带短柱独立基础带配筋，由长边中部竖向纵筋和短边中部竖向纵筋组成，见图 2-2-8。

2.2.4 多柱独立基础底板顶部钢筋

1. 双柱独立基础底板顶部钢筋

双柱独立基础底板顶部钢筋，由纵向受力筋和横向分布筋组成，见图 2-2-9。

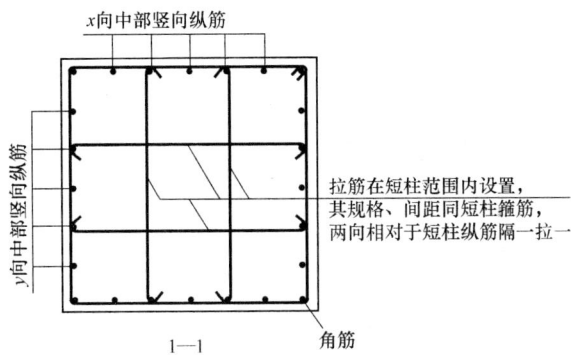

图 2-2-7 单柱普通独立深基础短柱配筋

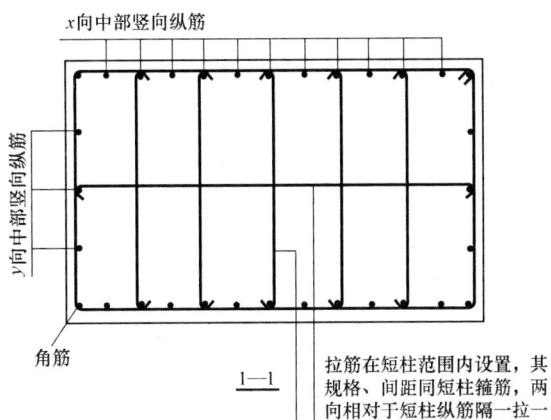

图 2-2-8 双柱普通独立深基础短柱配筋

对照图 2-2-9，钢筋构造要点为：

（1）纵向受力筋

1）布置在柱宽度范围内纵向受力筋

$$长度＝柱内侧边起算＋两端锚固 l_a$$

2）布置在柱宽度范围以外的纵向受力筋

$$长度＝柱中心线起算＋两端锚固 l_a$$

根数由设计标注。

（2）横向分布筋

长度＝纵向受力筋布置范围长度＋两端超出受力筋外的长度（取构造长度 150mm）

横向分布筋根数在纵向受力筋的长度范围布置，起步距离取"分布筋间距/2"。

2. 四柱独立基础顶部钢筋

四柱独立基础底板顶部钢筋，由纵向受力筋和横向分布筋组成，见图 2-2-10。

对照图 2-2-10，钢筋构造要点为：

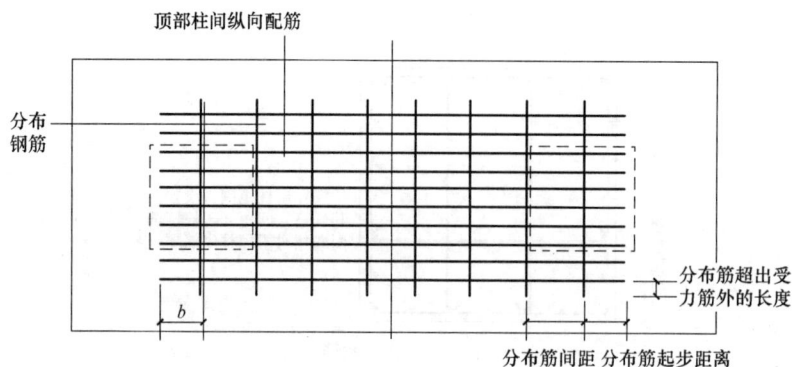

图 2-2-9 普通双柱独立基础顶部配筋

（1）纵向受力筋

$$长度＝y_u（基础顶部纵向宽度）－2c（两端保护层）$$

$$根数＝（基础顶部横向宽度 x_u－起步距离）/间距＋1$$

（2）横向分布筋

$$长度＝（基础顶部横向宽度）x_u－（两端保护层）2c$$

根数在两根基础梁之间布置。

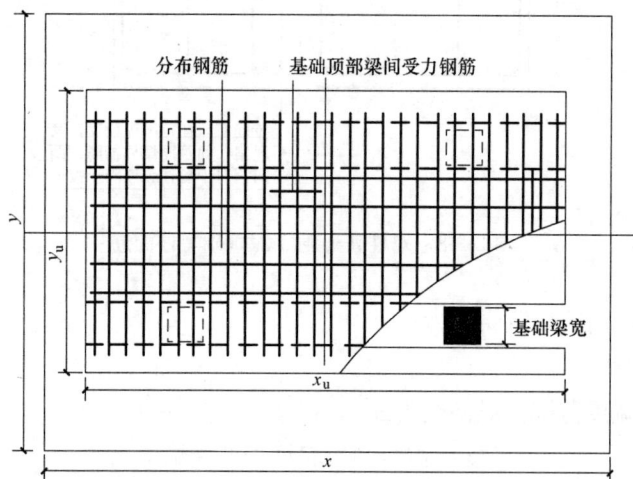

图 2-2-10 四柱独立基础顶部钢筋构造

2.3 独立基础钢筋实例计算

2.3.1 独立基础底板底部钢筋

1. 矩形独立基础

（1）平法施工图

1）DJ$_J$1 平法施工图

见图 2-3-1。

2）平法识图

这是一个普通阶形独立基础，两阶高度为 200/200mm，其剖面示意图见图 2-3-2。

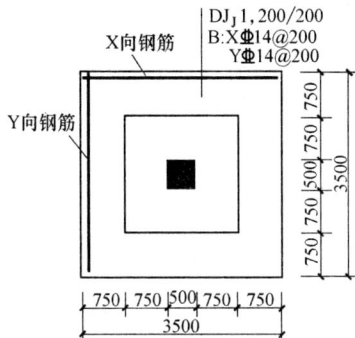

图 2-3-1　DJ$_J$1 平法施工图

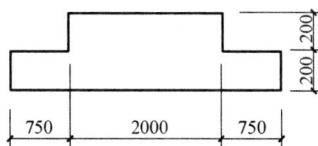

图 2-3-2　剖面示意图

（2）钢筋计算

1）X 向钢筋

① 长度＝$x-2c$＝3500－2×40＝3420

② 根数＝[$y-2×\min(75，s/2)$]/s+1＝(3500－2×75)/200+1＝18 根

2）Y 向钢筋

① 长度＝$y-2c$＝3500－2×40＝3420

② 根数＝[$y-2×\min(75，s/2)$]/s+1＝(3500－2×75)/200+1＝18 根

2. 长度缩减 10%

（1）对称配筋

1）平法施工图

DJ$_P$2 平法施工图见图 2-3-3。

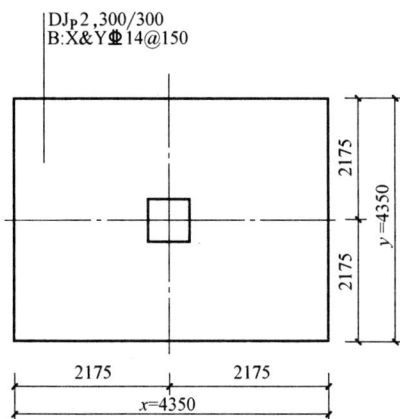

图 2-3-3　DJ$_P$2 平法施工图

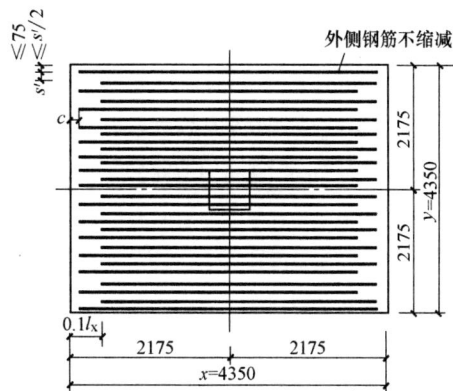

图 2-3-4　DJ$_P$2 钢筋示意图

2）钢筋计算

DJ_P2为正方形，X向钢筋与Y向钢筋完全相同，本例中以X向钢筋为例进行计算，计算过程如下，钢筋示意图见图2-3-4。

① X向外侧钢筋长度＝基础边长－$2c$＝$x-2c$＝$4350-2\times40$＝4270mm

② X向外侧钢筋根数＝2根（一侧各一根）

③ X向其余钢筋长度＝基础边长－$c-0.1\times$基础边长＝$x-c-0.1l_x$＝$4350-40-0.1\times4350$＝3875mm

④ X向其余钢筋根数＝$[y-2\times\min(75，s/2)]/s-1$＝$(4350-2\times75)/150-1$＝27根

（2）非对称配筋

1）平法施工图

DJ_P3平法施工图见图2-3-5。

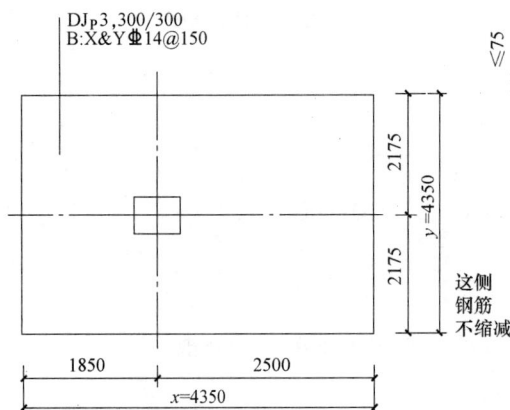

图2-3-5　DJ_P3平法施工图

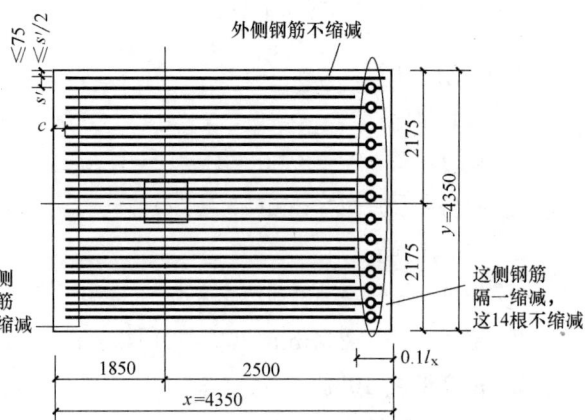

图2-3-6　DJ_P3钢筋示意图

2）钢筋计算

本例Y向钢筋与上例DJ_P2完全相同，本例讲解X向钢筋的计算，计算过程如下，钢筋示意图见图2-3-6：

① X向外侧钢筋长度＝基础边长－$2c$＝$x-2c$＝$4350-2\times40$＝4270mm

② X向外侧钢筋根数＝2根（一侧各一根）

③ X向其余钢筋（两侧均不缩减）长度（与外侧钢筋相同）＝$x-2c$＝$4350-2\times40$＝4270mm

④ 根数＝（布置范围－两端起步距离）/间距＋1＝$\{[y-2\times\min(75，s/2)]/s-1\}/2$＝$[(4350-2\times75)/150-1]/2$＝14根（右侧隔一缩减）

⑤ X向其余钢筋（右侧缩减的钢筋）长度＝基础边长－$c-0.1\times$基础边长＝$x-c-0.1l_x$＝$4350-40-0.1\times4350$＝3875mm

⑥ 根数＝$14-1$＝13根（因为隔一缩减，所以比另一种少一根）

2.3.2 多柱独立基础底板顶部钢筋

1. 平法施工图

DJ_P4 平法施工图见图 2-3-7，混凝土强度为 C30。

2. 钢筋计算过程

（1）钢筋计算简图

DJ_P4 钢筋计算简图，见图 2-3-8。

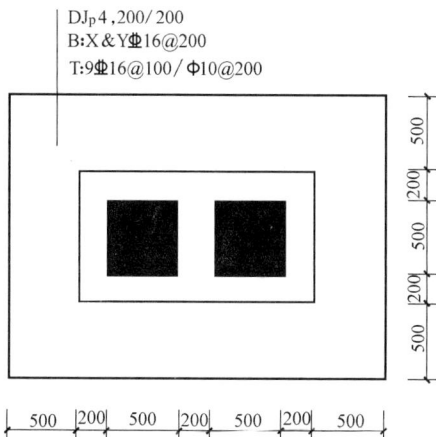

图 2-3-7 DJ_P4 平法施工图

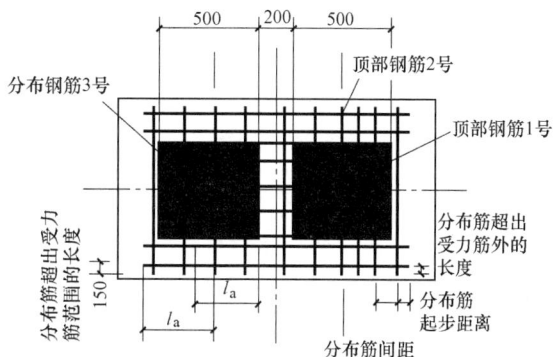

图 2-3-8 DJ_P4 钢筋计算简图

（2）钢筋计算过程

DJ_P4 横向分布筋计算过程如下：

① 1 号筋长度＝柱内侧边起算＋两端锚固 $l_a=200+2×35d=200+2×35×16=1320mm$

② 1 号筋根数＝（柱宽 500－两侧起距离 50×2）/100+1＝5 根

③ 2 号筋长度＝柱中心线起算＋两端锚固 $l_a=250+200+250+2×35d=1820mm$

④ 2 号筋根数＝（总根数 9－5）＝4 根（一侧 2 根）

⑤ 分布筋长度（3 号筋）＝纵向受力筋布置范围长度＋两端超出受力筋外的长度（本书此值取构造长度150mm）＝（受力筋布置范围500＋2×150）＋两端超出受力筋外的长度2×150＝1100mm

⑥ 分布筋根数＝（1820－2×100）/200+1＝10 根

习　　题

1. 独立基础平法施工图，有＿＿＿＿＿＿与＿＿＿＿＿＿两种表达方式。

2. 请将下表填写完整。

类型	基础底板截面形状	代号
普通独立基础	阶形	
		DJ_P

类型	基础底板截面形状	代号
杯口独立基础	阶形	
		BJ$_P$

3. 当双杯口的中间杯壁宽度_____时，设置中间杯壁构造配筋。

3 条 形 基 础

3.1 条形基础平法识图

3.1.1 《16G101》条形基础平法识图学习方法

1. 《16G101》条形基础平法识图知识体系

独立基础构件的制图规则知识体系如图 3-1-1 所示。

2. 认识条形基础

（1）条形基础分类

条形基础一般位于砖墙或混凝土墙下，用以支承墙体构件。可分为梁板式条形基础和板式条形基础两大类，如图 3-1-2 所示。

（2）条形基础的平面注写方式

条形基础的平面注写方式是指直接在条形基础平面布置图上进行数据项的标注，可分为集中标注和原位标注两部分内容，当集中标注的某项数值不适用于基础梁的某部位时，则将该项数值采用原位标注，施工时，原位标注优先。如图 3-1-3 所示。

集中标注是在基础平面布置图上集中引注：基础编号、截面竖向尺寸、配筋三项必注内容，以及基础梁底面标高（与基础底面基准标高不同时）和必要的文字注解两项选注内容。

原位标注是在基础平面布置图上标注各跨的尺寸和配筋。

3.1.2 条形基础基础梁平法识图

1. 集中标注

（1）基础梁集中标注示意图

基础梁集中标注包括编号、截面尺寸、配筋三项必注内容，如图 3-1-4 所示。

（2）基础梁编号表示方法

基础梁集中标注和第一项必注的内容是基础梁编号，由"代号"、"序号"、"跨数及是否有外伸"三项组成，见图 3-1-5。

基础梁编号中的"代号"、"序号"、"跨数及是否有外伸"三项符号的具体表示方法，见表 3-1-1 所示。

【例】 JL01（2）表示基础梁 01，2 跨，端部无外伸；JL03（4A）基础梁 03，4 跨，

一端有外伸。

```
                    ┌──────────────┐      ┌──────────────┐
                ┌───┤  平法表达方式  ├──────┤  平面注写方式  │
                │   └──────────────┘      └──────────────┘
                │                         ┌──────────────┐
                │                         │  截面注写方式  │
                │                         └──────────────┘
                │                         ┌──────────────┐
                │                      ┌──┤     编号      │
                │                      │  └──────────────┘
                │                      │  ┌──────────────┐
                │                      ├──┤   截面尺寸    │
                │   ┌──────────────┐   │  └──────────────┘
                ├───┤    数据项     ├───┤  ┌──────────────┐
                │   └──────────────┘   ├──┤     配筋      │
                │                      │  └──────────────┘
                │                      │  ┌──────────────┐
                │                      ├──┤  标高（选注）  │
                │                      │  └──────────────┘
                │                      │  ┌──────────────┐
                │                      └──┤ 必要的文字注  │
                │                         │  解（选注）   │
                │                         └──────────────┘
```

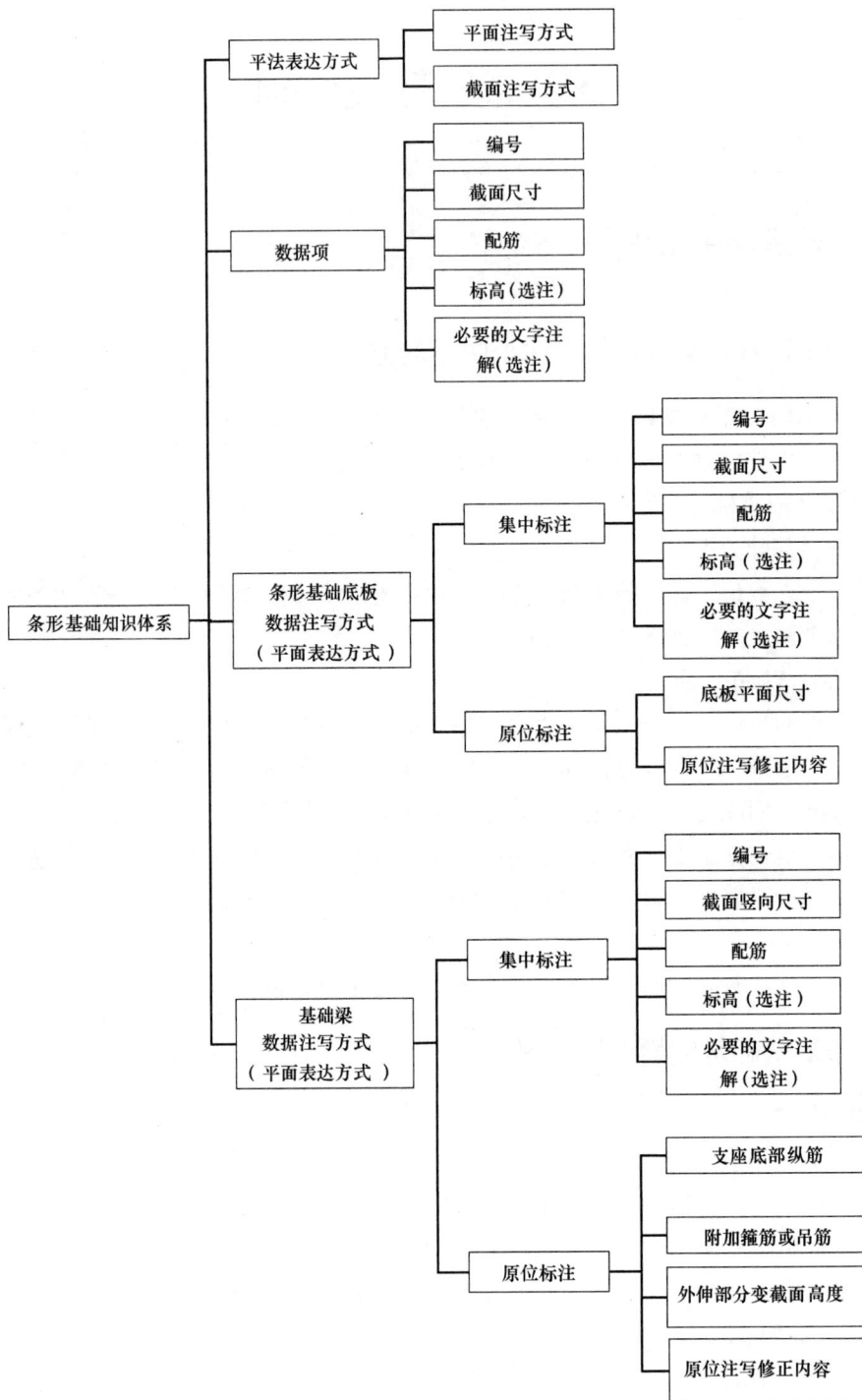

图 3-1-1　条形基础平法识图知识体系

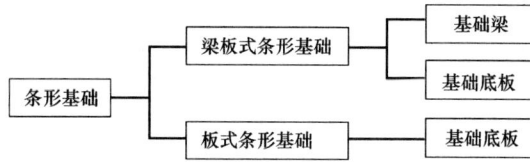

图 3-1-2 条形基础分类

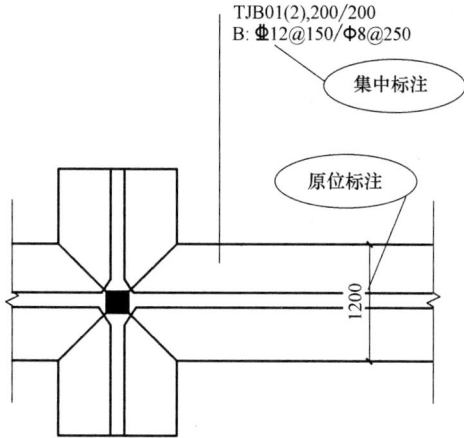

图 3-1-3 条形基础平面注写方式

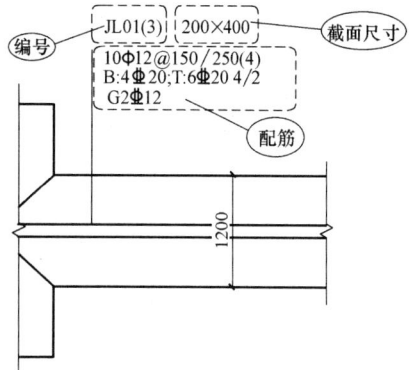

图 3-1-4 条形基础集中标注

基础梁编号   表 3-1-1

类型	代号	序号	跨数及是否有外伸
基础梁	JL	××	(××):端部无外伸,括号内的数字表示跨数
		××	(××A):一端有外伸
		××	(××B):两端有外伸

（3）基础梁截面尺寸

基础梁集中标注的第二项必注内容是截面尺寸。基础梁截面尺寸用 $b×h$ 表示梁截面宽度和高度，当为竖向加腋梁时，用 $b×hYc_1×c_2$ 表示。其中 c_1 为腋长，c_2 为腋高。

（4）基础梁配筋识图

1）基础梁配筋标注内容

基础梁集中标注的第三项必注内容是配筋，基础梁的配筋主要注写内容包括：箍筋、底部、顶部及侧面纵向钢筋，如图 3-1-6 所示。

2）箍筋

基础梁箍筋表示方法的平法识图，见表 3-1-2。

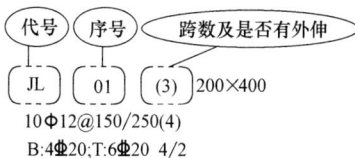

图 3-1-5 基础梁编号平法标注

图 3-1-6 基础梁配筋标注内容

3）底部、顶部及侧面纵向钢筋

① 以 B 打头，注写梁底部贯通纵筋（不应少于梁底部受力钢筋总截面面积的 1/3）。当跨中所注根数少于箍筋肢数时，需要在跨中增设梁底部架立筋以固定箍筋，采用"＋"将贯通纵筋与架立筋相连，架立筋注写在加号后面的括号内。

② 以 T 打头，注写梁顶部贯通纵筋。注写时用分号"；"将底部与顶部贯通纵筋分隔开。

③ 当梁底部或顶部贯通纵筋多于一排时，用"/"将各排纵筋自上而下分开。

④ 以大写字母 G 打头注写梁两侧面对称设置的纵向构造钢筋的总配筋值（当梁腹板净高 h_w 不小于 450mm 时，根据需要配置）。

【例】 B：4Φ25；T：12Φ25 7/5，表示梁底部配置贯通纵筋为 4Φ25；梁顶部配置贯通纵筋上一排为 7Φ25，下一排为 5Φ25，共 12Φ25。

【例】 G8Φ14，表示梁每个侧面配置纵向构造钢筋 4Φ14，共配置 8Φ14。

当需要配置抗扭纵向钢筋时，梁两个侧面设置的抗扭纵向钢筋以 N 打头。

【例】N8Φ16，表示梁的两个侧面共配置 8Φ16 的纵向抗扭钢筋，沿截面周边均匀对称设置。

基础梁箍筋识图　　　　　　　　　　　　　　　　表 3-1-2

箍筋表示方法	识　图	标准说明
Φ10@150(2)	只有一种间距,双肢箍 JL01(3),200×400 Φ10@150(2) B:4Φ25;T:5Φ25 4/2 只有一种箍筋间距 L	当具体设计仅采用一种箍筋间距时,注写钢筋级别、直径、间距与肢数(箍筋肢数写在括号内,下同)
6Φ10@150/4Φ12@200/Φ12@250(6)	两端向里,先各布置6根直径10间距150的箍筋,再往里两侧各布置4根直径12间距200的箍筋,中间剩余部位布置间距250的箍筋,均为六肢箍 JL01(3),200×400 6Φ10@150/4Φ12@200/Φ12@250(6) B:4Φ25;T:6Φ25 4/2 两端第一种箍筋: 6Φ10@150(6)　　中间剩余部位箍筋: Φ12@250(6) 两端第二种箍筋: 4Φ12@200(6) L	当具体设计采用两种箍筋时,用"/"分隔不同箍筋,按照从基础梁两端向跨中的顺序注写。先注写第1段箍筋(在前面加注箍筋道数),在斜线后再注写第2段箍筋(不再加注箍筋道数)

2. 原位标注识图

（1）基础梁支座的底部纵筋

1）基础梁支座的底部纵筋，系指包含贯通纵筋与非贯通纵筋在内的所有纵筋，见图3-1-7。图中6Φ20 2/4，为原位标注，表示该位置共有6根直径为20mm的HRB400钢筋，其中上排2根，下排4根。下排的4根为集中标注中的底部贯通纵筋。

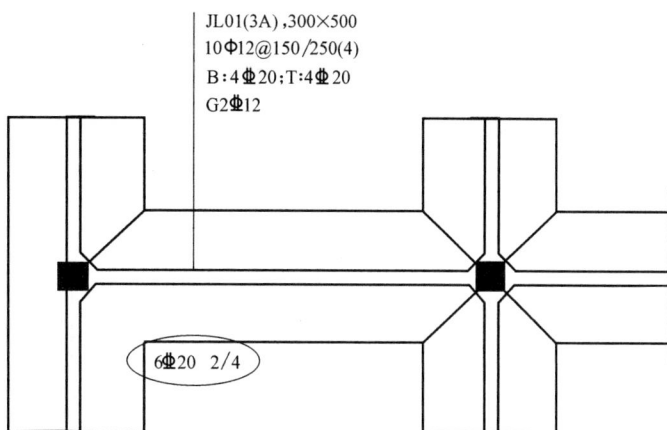

JL01(3A),300×500
10Φ12@150/250(4)
B:4Φ20;T:4Φ20
G2Φ12

6Φ20 2/4

图3-1-7　基础梁端部及柱下区域原位标注

2）基础梁端部及柱下区域原位标注的识图，见表3-1-3。

基础梁端部及柱下区域原位标注识图　　　　　　　表3-1-3

表示方法	识　图	标准说明
6Φ20 2/4	上下两排，上排2Φ20是底部非贯通纵筋，下排4Φ20是集中标注的底部贯通纵筋 JL01(3A),300×500 10Φ12@150/250(4) B:4Φ20;T:4Φ20 G2Φ12 6Φ20 2/4	当底部纵筋多于一排时，用"/"将各排纵筋自上而下分开
2Φ20＋2Φ18	由两种不同直径钢筋组成，用"＋"连接，其中2Φ20是集中标注的底部贯通纵筋，2Φ18底部非贯通纵筋 JL01(3A),300×500 10Φ120@150/250(4) B:2Φ20;T:4Φ20 2Φ20+2Φ18	当同排纵筋有两种直径时，用"＋"将两种直径的纵筋相连

表示方法	识 图	标准说明
①4Φ20 ②4Φ20 ②5Φ20	(1)中间支座柱下两侧底部配筋不同,②轴左侧4Φ20,其中2根为集中标注的底部贯通筋,另2根为底部非贯通纵筋;②轴右侧5Φ20,其中2根为集中标注的底部贯通纵筋,另3根为底部非贯通纵筋。 (2)②轴左侧为4根,右侧为5根,它们直径相同,只是根数不同,则其中4根贯穿②轴,右侧多出的1根进行锚固	当梁支座两边的底部纵筋配置不同时,需在支座两边分别标注;当梁支座两边的底部纵筋相同时,可仅在支座的一边标注。 当梁端支座底部全部纵筋与集中注过的底部贯通纵筋相同时,可不再重复做原位标注

（2）附加箍筋或（反扣）吊筋

当两向基础梁十字交叉，但交叉位置无柱时，应根据需要设置附加箍筋或（反扣）吊筋。平法标注是将附加箍筋或（反扣）吊筋直接画在平面图中条形基础主梁上，原位直接引注总配筋值（附加箍筋的肢数注在括号内）。当多数附加箍筋或（反扣）吊筋相同时，可在条形基础平法施工图上统一注明。少数与统一注明值不同时，再原位直接引注。

（3）外伸部位的变截面高度尺寸

基础梁外伸部位如果有变截面，应注写变截面高度尺寸。当基础梁外伸部位采用变截面高度时，在该部位原位注写 $b \times h_1 / h_2$，h_1 为根部截面高度，h_2 为尽端截面高度，如图 3-1-8 所示。

基础梁外伸部位变截面构造如图 3-1-9 所示：

（4）原位标注修正内容

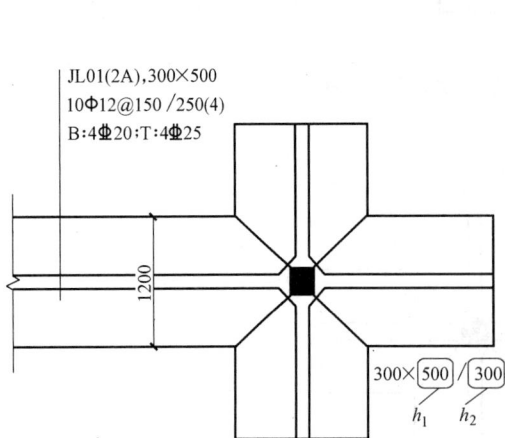

图 3-1-8 基础梁外伸部位变截面高度尺寸

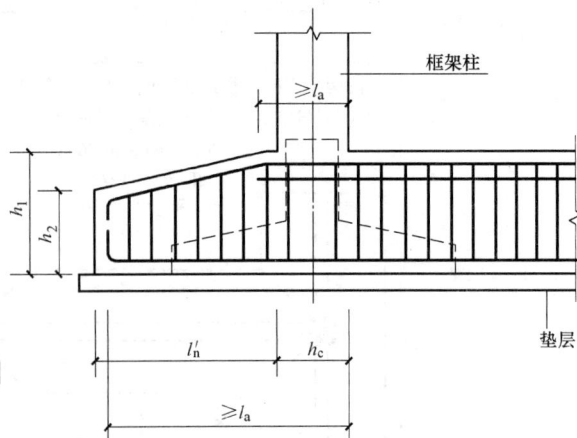

图 3-1-9 基础梁外伸部位变截面构造

当在基础梁上集中标注的某项内容（如截面尺寸、箍筋、底部与顶部贯通纵筋或架立筋、梁侧面纵向构造钢筋、梁底面标高等）不适用于某跨或某外伸部位时，将其修正内容原位标注在该跨或该外伸部位，施工时原位标注取值优先。

当在多跨基础梁的集中标注中已注明竖向加腋，而该梁某跨根部不需要竖向加腋时，则应在该跨原位标注无 $Yc_1 \times c_2$ 的 $b \times h$，以修正集中标注中的竖向加腋要求。

见图 3-1-10，JL01 集中标注的截面尺寸为 300×500，第 2 跨原位标注为 300×400，表示第 2 跨发生了截面变化。

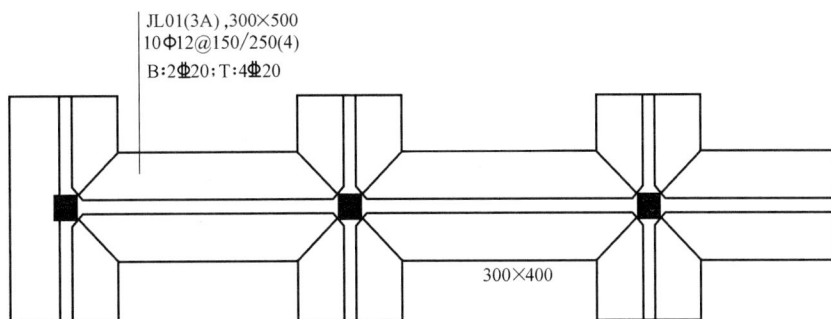

图 3-1-10　原位标注修正内容

3.1.3　条形基础底板的平法识图

1. 集中标注

（1）条形基础底板集中标注示意图

条形基础底板集中标注包括编号、截面竖向尺寸、配筋三项必注内容，见图 3-1-11。

（2）条形基础底板编号表示方法

条形基础底板集中标注的第一项必注内容是基础梁编号，由"代号"、"序号"、"跨数及是否有外伸"三项组成，见图 3-1-12。

条形基础底板编号中的"代号"、"序号"、"跨数及是否有外伸"三项符号的具体表示方法，见表 3-1-4 所示。

【例】　TJB_J01（2）：表示阶形条形基础底板 01，2 跨，端部无外伸；$TJB_P 02$（3A）：表示坡形条形基础底板 02，3 跨，一端有外伸；TJB_J02（2B）：表示阶形条形基础底板 02，2 跨，两端有外伸。

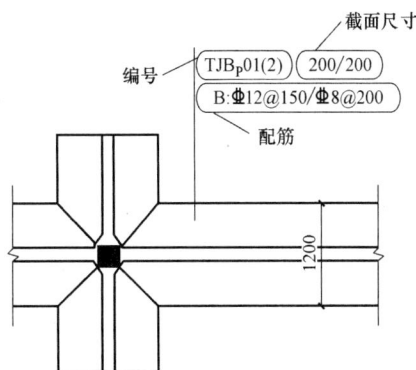

图 3-1-11　条形基础底板集中标注示意图

（3）条形基础底板截面竖向尺寸标注

条形基础底板截面竖向尺寸用"$h_1/h_2/\cdots\cdots$"自下而上进行标注，见表 3-1-5。

（4）条形基础底板及顶部配筋

图 3-1-12　条形基础底板编号平法标注

条形基础底板编号 表 3-1-4

类　型		代号	序号	跨数及是否有外伸
条形基础底板	阶形	TJB_J	××	(××)端部无外伸
				(××A)一端有外伸
	坡形	TJB_P	××	(××B)两端有外伸

条形基础底板截面竖向尺寸识图 表 3-1-5

分　类	注写方式	示　意　图
坡形截面条形基础截面竖向尺寸	TJB_P×× h_1/h_2	
单阶形截面条形基础截面竖向尺寸	TJB_J×× h_1	
多阶形截面条形基础截面竖向尺寸	TJB_J×× h_1/h_2	

条形基础底板配筋分两种情况，一种是只有底部配筋，另一种是双梁条形基础还有顶部配筋，注写时，用"/"分隔条形基础底板的横向受力钢筋与纵向分布钢筋。

1）条形基础底板底部配筋

以 B 打头，注写条形基础底板底部的横向受力钢筋，见图 3-1-13；当条形基础底板配筋标注为：B：Φ14@150/Φ8@250；表示条形基础底板底部配置 HRB400 级横向受力钢筋，直径为 14，间距 150；配置 HPB300 级纵向分布钢筋，直径为 8，间距 250。

2）双梁条形基础（包括顶部配筋）

以 T 打头，注写条形基础底板顶部的横向受力钢筋见图 3-1-14；当为双梁（或双墙）条形基础底板时，除在底板底部配置钢筋外，一般尚需在两根梁或两道墙之间的底板顶部配置钢筋，其中横向受力钢筋的锚固长度 l_a 从梁的内边缘（或墙内边缘）起算。

2. 原位标注

条形基础底板的原位标注的内容可分为以下两个部分：

（1）条形基础底板的平面尺寸

原位标注 b、b_i，$i=1$，2，其中，b 为基础底板总宽度，b_i 为基础底板台阶的宽度。当基础底板采用对称于基础梁的坡形截面或单阶形截面时，b_i 可不注，见图 3-1-15。

对于相同编号的条形基础底板，可仅选择一个进行标注。

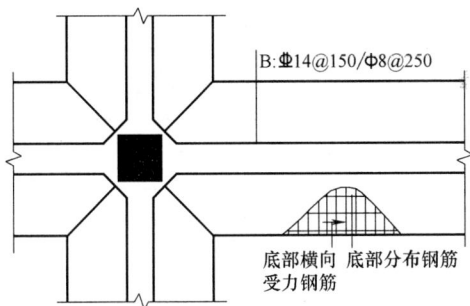

图 3-1-13　条形基础底板底部配筋识图

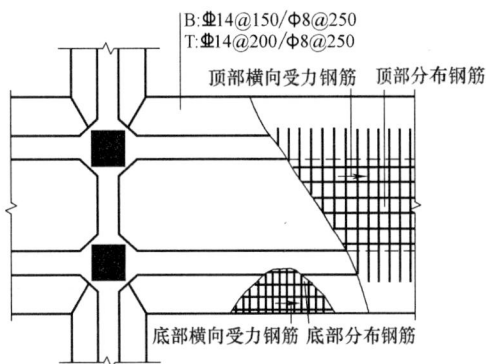

图 3-1-14　双梁条形基础底板配筋识图

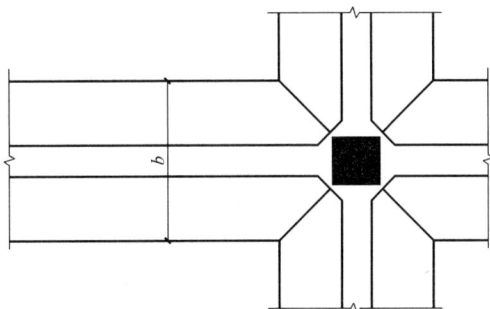

图 3-1-15　条形基础底板平面尺寸原位标注

　　条形基础存在双梁或双墙共用同一基础底板的情况，当为双梁或为双墙且梁或墙荷载差别较大时，条形基础两侧可取不同的宽度，实际宽度以原位标注的基础底板两侧非对称的不同台阶宽度 b_i 进行表达。

　　（2）修正内容

　　当在条形基础底板上集中标注的某项内容，如底板截面竖向尺寸、底板配筋、底板底面标高等，不适用于条形基础底板的某跨或某外伸部分时，可将其修正内容原位标注在该跨或该外伸部位。

3.2　条形基础钢筋构造

　　本节主要介绍条形基础的钢筋构造，即条形基础的各种钢筋在实际工程中可能出现的各种构造情况，知识结构如图 3-2-1 所示：

3.2.1　基础梁 JL 钢筋构造

1. 基础梁底部贯通纵筋构造情况

基础梁底部贯通纵筋的构造，如图 3-2-2 所示。

2. 基础梁底部贯通纵筋端部构造要点及识图

基础梁底部贯通纵筋端部构造，可分为三种情况，见表 3-2-1：

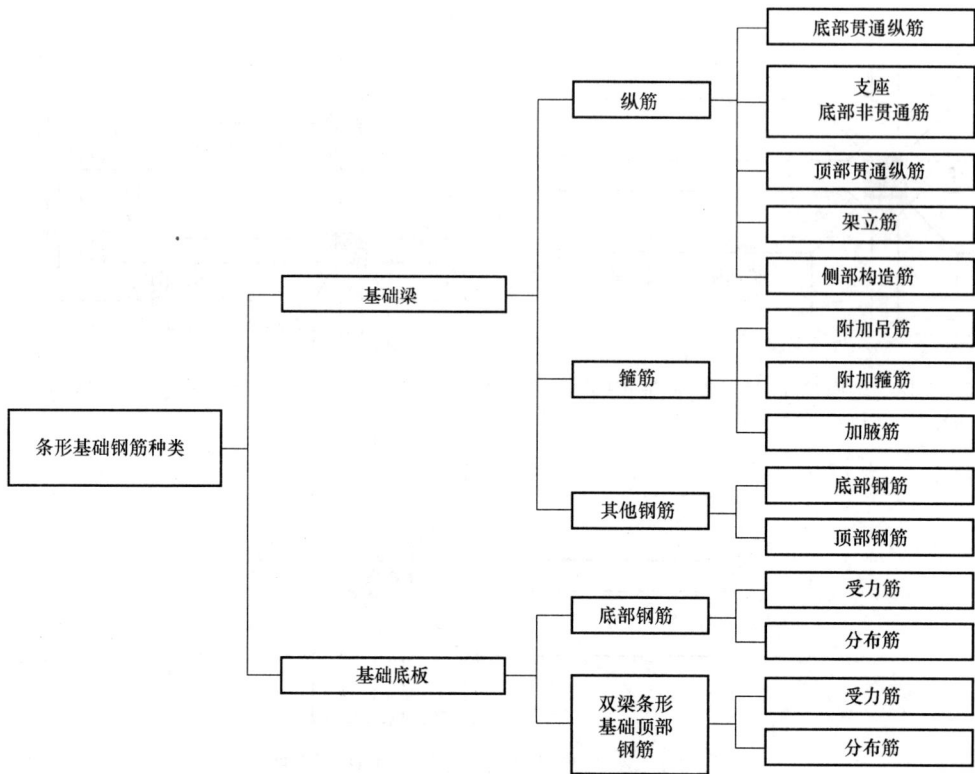

图 3-2-1 条形基础钢筋种类

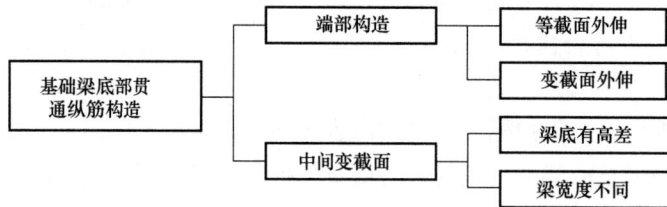

图 3-2-2 基础梁底部贯通纵筋构造情况

基础梁底部贯通纵筋构造   表 3-2-1

类型	识 图	钢筋构造要点
等截面外伸		伸至外伸尽端弯折 12d

类型	识　图	钢筋构造要点
变截面外伸	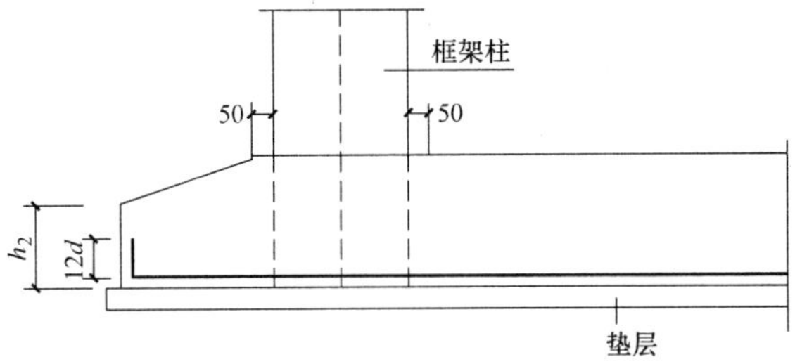	（1）伸至外伸尽端弯折12d； （2）在外伸段按斜长计算

3. 基础梁底部中间变截面贯通纵筋构造要点及识图

基础梁宽度不同，底部贯通纵筋构造见表3-2-2。

基础梁宽度不同底部贯通纵筋构造　　　　　　　　　　表 3-2-2

类型	识　图	钢筋构造要点
梁底有高差	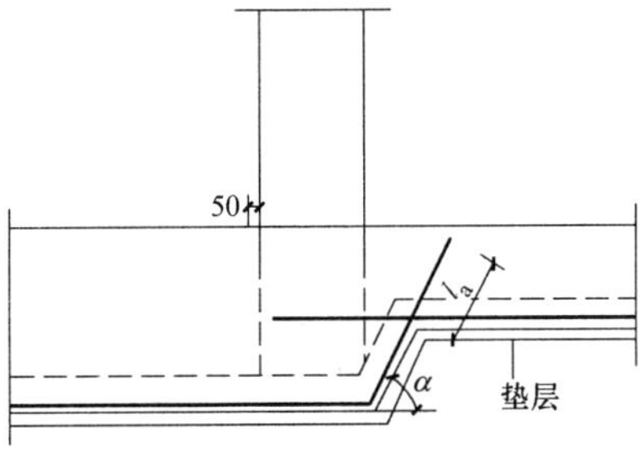	（1）梁底高差坡度 α，根据场地可取30°、45°、60°，计算钢筋时可按45°取值； （2）注意 l_a 的起算位置
梁宽不同	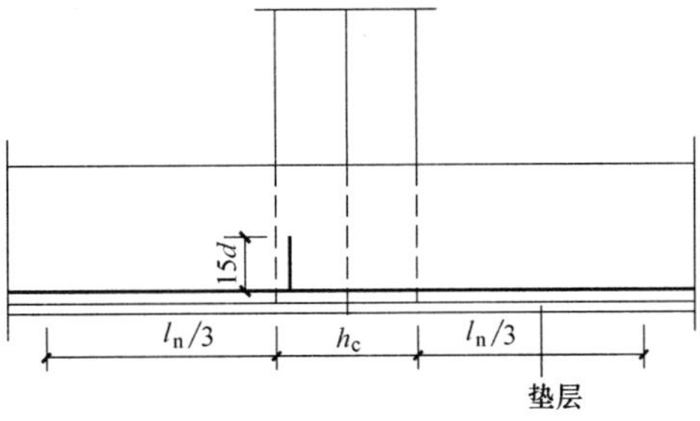	伸至尽端钢筋内侧弯折15d，当直段长度≥l_a时可不弯折，h_c 为柱宽

4. 支座底部非贯通纵筋构造情况

（1）基础梁支座底部非贯通纵筋构造情况总述

基础梁支座底部非贯通纵筋的构造，总结为图3-2-3所示的内容。

（2）基础梁支座底部非贯通纵筋构造要点及识图

基础梁支座底部非贯通纵筋构造要点及识图，见表3-2-3。

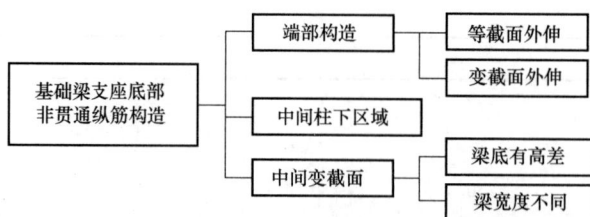

图 3-2-3 基础梁支座底部非贯通纵筋构造情况

基础梁支座底部非贯通纵筋构造   表 3-2-3

类型	识图	钢筋构造要点
等截面外伸		从支座中心线向跨内的延伸长度为 $h_c/2 + l_n'$
变截面外伸		从支座中心线向跨内的延伸长度为 $h_c/2 + l_n'$
中间柱下区域		从支座边缘向跨内的延伸长度为 $l_n/3$，l_n 是两邻跨跨度的较大值

类型	识 图	钢筋构造要点
梁宽度不同		宽出部位钢筋锚长≥l_a（当直锚长度≥l_a时可不弯钩）

5. 基础梁顶部贯通纵筋构造情况

（1）基础梁顶部贯通纵筋构造情况总述

基础梁顶部贯通纵筋的构造，如图3-2-4所示的内容。

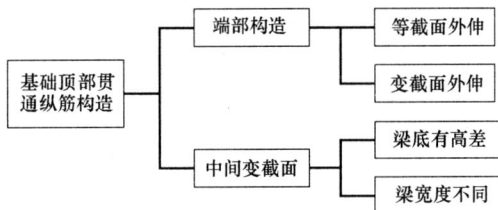

图 3-2-4　基础梁顶部贯通纵筋构造情况

（2）基础梁顶部贯通纵筋构造要点及识图

基础梁顶部贯通纵筋构造要点及识图见表3-2-4。

基础梁顶部贯通纵筋构造　　　　　　　　　表 3-2-4

类型	识 图	钢筋构造要点
等截面外伸		（1）顶部上排钢筋伸于外伸尽端弯折12d； （2）顶部下排钢筋不伸入外伸部位，从柱内侧起l_a

续表

类型	识　图	钢筋构造要点
变截面外伸	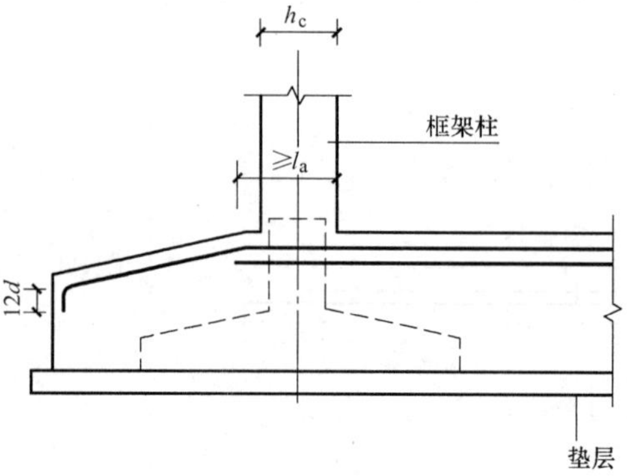	(1)顶部上排钢筋伸于外伸尽端弯折12d； (2)顶部下排钢筋不伸入外伸部位,从柱内侧起l_a
梁宽度不同	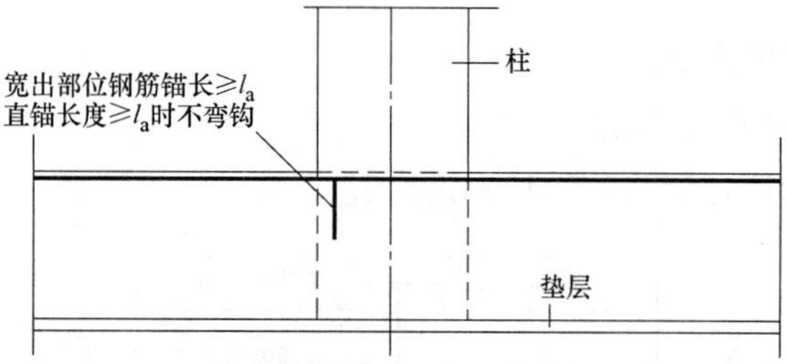	宽出的钢筋锚固l_a

6. 架立筋、侧部筋、竖向加腋筋构造要点及识图

侧部筋钢筋构造:

架立筋、侧部筋、竖向加腋筋构造要点及识图,见表3-2-5。

7. 箍筋构造要点及识图

基础梁箍筋构造要点及识图,见表3-2-6。

3.2.2　条形基础底板钢筋构造

1. 条形基础底板钢筋构造情况总述

条形基础底板钢筋的构造,知识结构如图3-2-5所示。

架立筋、侧部筋、竖向加腋筋构造要点及识图　　　　　　　表3-2-5

类型	识　图	钢筋构造要点
侧部筋	十字相交的基础梁,相交位置有柱 	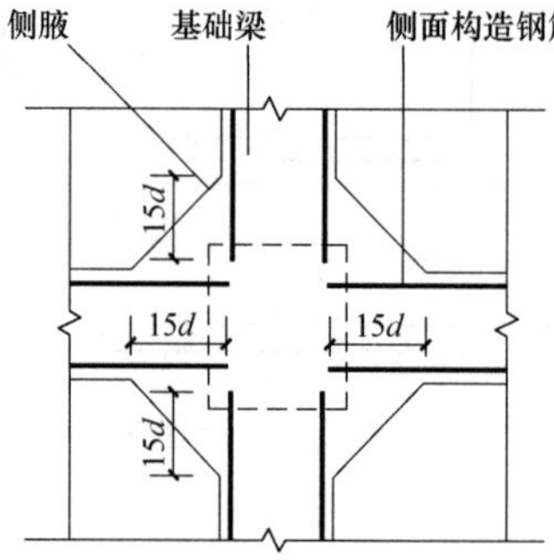 (1)基础梁JL的侧部筋为构造筋,不像楼层框架梁KL的侧部筋分为构造筋和受扭筋;

续表

类型		识　　图	钢筋构造要点
侧部筋	十字相交的基础梁,相交位置无柱		（2）基础梁 JL 侧部构造筋锚固,注意锚固的起算位置,见左侧图:十字相交的基础梁,当相交位置有柱时,侧面构造纵筋锚入梁包柱侧腋内 15d;十字相交的基础梁,当相交位置无柱时,侧面构造纵筋锚入交叉梁内 15d;丁字相交的基础梁,当相交位置无柱时,衡量内侧的构造纵筋锚入交叉梁内 15d; （3）当基础梁箍筋有多种间距时,未注明拉筋间距按哪种箍筋间距的 2 倍,梁箍筋直径均为 8mm
	丁字相交的基础梁,相交位置有柱		
	丁字相交的基础梁,相交位置无柱		
梁高竖向加腋筋			（1）基础梁高竖向加腋筋规格,若施工图未注明,则同基础梁顶部纵筋;若施工图有标注,则按其标注规格; （2）基础梁高竖向加腋筋,根数为基础梁顶部第一排纵筋根数-1; （3）基础梁高竖向加腋筋,锚入基础梁内长度为 l_a

类型	识　图	钢筋构造要点
梁高竖向加腋筋	 基础梁顶部第一排纵筋 基础梁高竖向加腋筋	基础梁高竖向加腋筋的根数与基础梁顶部第一排纵向钢筋根数的关系
梁与柱结合部侧加腋筋	 直径≥12且不小于柱箍筋直径,间距与柱箍筋间距相同 Φ8@200 45° 50 十字交叉基础梁与柱结合部侧腋构造 直径≥12且不小于柱箍筋直径,间距与柱箍筋间距相同 Φ8@200 50 直径≥12且不小于柱箍筋直径,间距与柱箍筋间距相同 50 Φ8@200 丁字交叉基础梁与柱结合部侧腋构造 直径≥12且不小于柱箍筋直径,间距与柱箍筋间距相同 50 Φ8@200 50 50　50 直径≥12且不小于柱箍筋直径,间距与柱箍筋间距相同 无外伸基础梁与柱结合部侧腋构造	(1)基础梁与柱结合部侧加腋筋,由加腋筋及其分布筋组成,均不需要在施工图上标注,按图集上构造规定即可; (2)加腋筋规格≥Φ12且不小于柱箍筋直径,间距同柱箍筋间距; (3)加腋筋长度为侧腋边长加两端 l_a; (4)分布筋规格为8Φ200

续表

类型	识　图	钢筋构造要点
梁与柱结合部侧加腋筋	直径≥12且不小于柱箍筋直径,间距与柱箍筋间距相同 Φ8@200 **基础梁中心穿柱侧腋构造** 直径≥12且不小于柱箍筋直径,间距与柱箍筋间距相同 Φ8@200 ≥基础梁角部纵筋最大直径 (柱外侧纵筋在梁角筋内侧) **基础梁偏心穿柱与柱结合部侧腋构造**	(1)基础梁与柱结合部侧加腋筋,由加腋筋及其分布筋组成,均不需要在施工图上标注,按图集上构造规定即可; (2)加腋筋规格≥Φ12且不小于柱箍筋直径,间距同柱箍筋间距; (3)加腋筋长度为侧腋边长加两端 l_a; (4)分布筋规格为8Φ200

基础梁箍筋构造要点及识图　　　　　　　　　　表 3-2-6

类型	识　图	钢筋构造要点
起步距离	垫层　50　L 箍筋起步距离	(1)箍筋起步距离为50mm; (2)基础梁变截面外伸、梁高加腋位置,箍筋高度渐变
节点区域	50　50　h_1 h_1　b　b　b　h_1 s	节点区内箍筋按梁端箍筋设置。梁相交叉宽度内的箍筋按截面高度较大的基础梁设置,同跨箍筋有两种时,各自设置范围按具体设计注写。
纵向受力钢筋搭接区箍筋构造	分界箍筋　搭接区　分界箍筋	受拉搭接区域的箍筋间距:不大于搭接钢筋较小直径的5倍,且不大于100mm;受压搭接区域的箍筋间距:不大于搭接钢筋较小直径的10倍,且不大于200mm

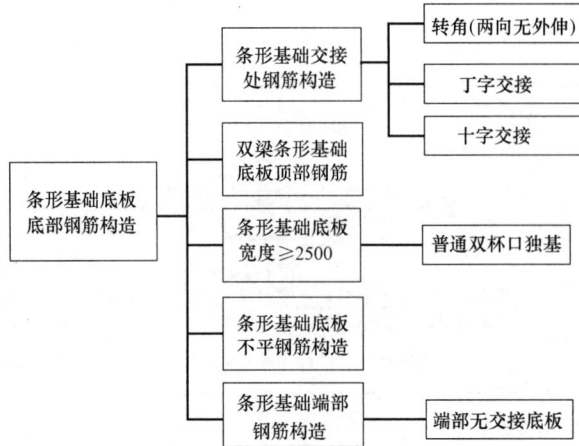

图 3-2-5 条形基础底板底部钢筋构造情况

2. 条形基础交接处钢筋构造要点及识图

条形基础交接处钢筋构造要点及识图，见表 3-2-7。

条形基础交接处钢筋构造要点及识图 表 3-2-7

类型	识图	钢筋构造要点
转角(两向无外伸)		(1)条形基础钢筋起步距离取 $s/2$（s 为钢筋间距）； (2)保护层按图集《16G101-3》第 57 页取值； (3)交接处,两向受力筋相互交叉已经形成钢筋网,分布筋则需要切断,与另一方向受力筋搭接 150mm； (4)分布筋在梁(墙)宽范围内不布置

类型	识 图	钢筋构造要点
丁字交接		(1)丁字交接时,丁字横向受力筋贯通布置,丁字竖向受力筋在交接处伸入 $b/4$ 范围布置; (2)一向分布筋贯通,另一向分布在交接处与受力筋搭接150mm; (3)分布筋在梁(墙)宽范围内不布置
十字交接		(1)十字交接时,一向受力筋贯通布置,另一向受力筋在交接处伸入 $b/4$ 范围布置; (2)哪向受力筋贯通布置,《16G101-3》没有明确讲解,本书按配置较大的受力筋贯通布置;

续表

类型	识　图	钢筋构造要点
十字交接		（3）一向分布筋贯通，另一向分布在交接处与受力筋搭接 150mm； （4）分布筋在梁（墙）宽范围内不布置

3. 条形基础底板配筋长度减短 10％构造要点及识图

当条形基础底板≥2500mm 时，底板配筋长度减短 10％交错配置，构造见图 3-2-6。

底板配筋长度减短 10％的构造中，注意以下位置的配筋长度不减短，见表 3-2-8。

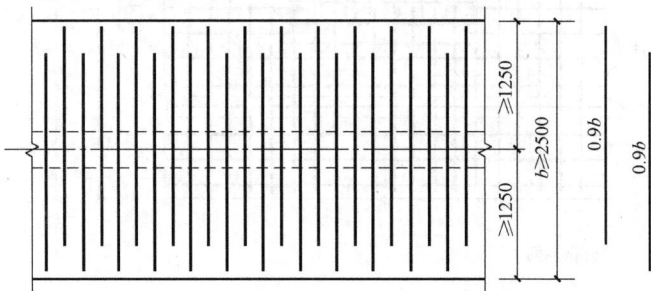

图 3-2-6　条形基础底板配筋长度减短 10％构造

条形基础底板受力筋不缩减的位置　　　　　　　　　　　　　　　　　　　　表 3-2-8

情况说明	识　图
进入底板交接区（直转角）的受力筋不缩减	

续表

情况说明	识 图
进入底板交接区（十字交接）的受力筋不缩减	
进入底板交接区（丁字交接）的受力筋不缩减	
无交接底板端部受力筋不缩减	

4. 条形基础端部无交接底板钢筋构造

条形基础端部无交接底板，另一向为基础连梁（没有基础底板），钢筋构造见图 3-2-7。

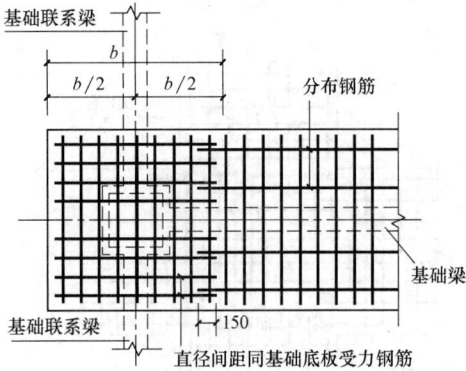

图 3-2-7 条形基础端部无交接底板钢筋构造

注：端部无交接底板，受力筋在端部 b 范围内
相互交叉，分布筋与受力筋搭接 150mm

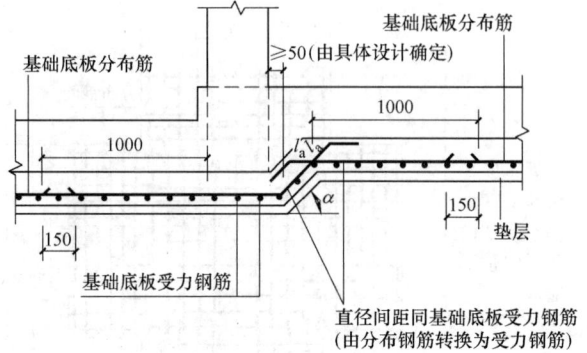

图 3-2-8 柱下条形基础底板板底不平钢筋构造
（板底高差坡度 α 取 45°或按设计）

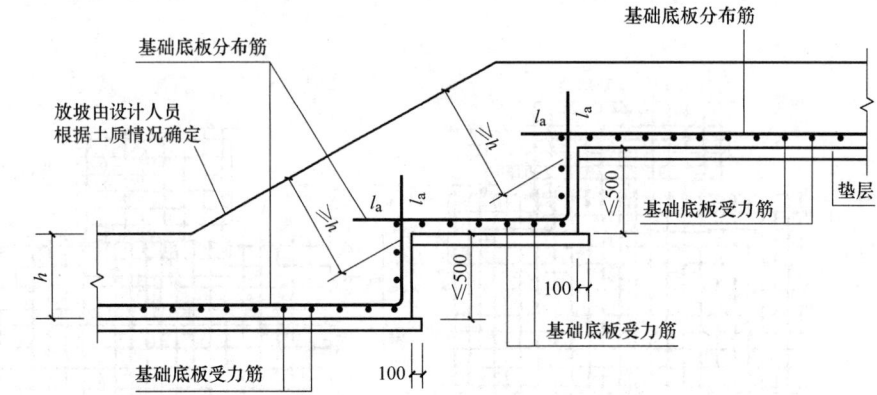

构造（一）

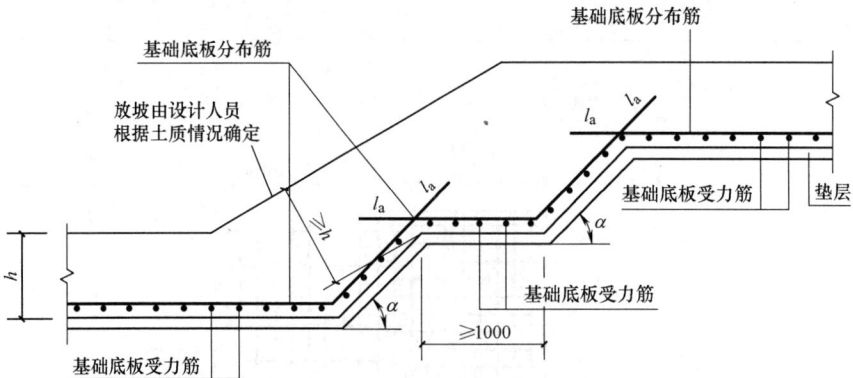

构造（二）
（板底高差坡度 α 取 45°或按设计）

图 3-2-9 墙下条形基础底板板底不平钢筋构造

5. 条形基础底板不平钢筋构造

条形基础底板不平钢筋构造，可分为两种情况，如图 3-2-8 和图 3-2-9。

6. 双梁条形基础底板顶部钢筋构造

双梁条形基础底板顶部钢筋，钢筋构造见图 3-2-10。

其钢筋构造要点为：

（1）顶部横向受力钢筋从梁内侧边锚入 l_a；

（2）分布筋布置在梁间。

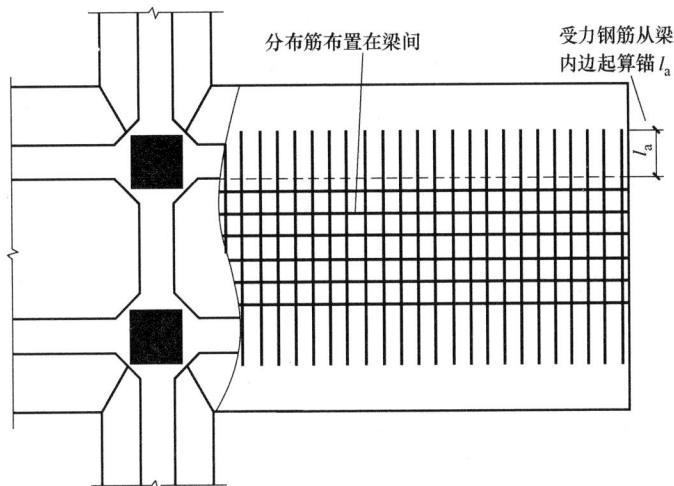

图 3-2-10　双梁条形基础底板顶部钢筋构造

3.3　条形基础钢筋实例计算

上一节讲解了条形基础的平法钢筋构造，本节就这些钢筋构造情况各举例计算。本节中，条形基础各构件的纵向钢筋连接采用对焊连接方式。

3.3.1　基础梁 JL 钢筋计算实例

1. 普通基础梁 JL01

（1）平法施工图

JL01 平法施工图，见图 3-3-1。

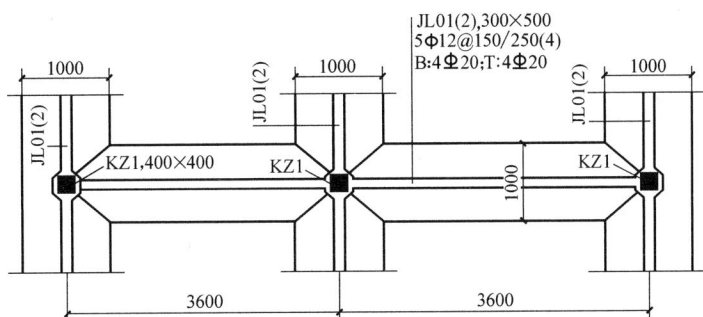

图 3-3-1　JL01 平法施工图

（2）钢筋计算（本例中不计算加腋筋）

1）计算参数

① 保护层厚度 $c=25$mm

② 梁包柱侧腋=50mm

③ 双肢箍长度计算公式：$(b-2c)\times2+(h-2c)\times2+(1.9d+10d)\times2$

2）计算过程

钢筋计算过程如下：

① 底部贯通纵筋 4Φ20

长度=梁长（含梁包柱侧腋）$-c+$弯折$15d$

$=(3600\times2+200\times2+50\times2)-2\times25+2\times15\times20=8250$mm

② 顶部贯通纵筋 4Φ20

长度=梁长（含梁包柱侧腋）$-c+$弯折$15d$

$=(3600\times2+200\times2+50\times2)-2\times25+2\times15\times20=8250$mm

③ 箍筋

双肢箍长度计算公式=$(b-2c)\times2+(h-2c)\times2+(1.9d+10d)\times2$

外大箍长度=$(300-2\times25)\times2+(500-2\times25)\times2+2\times11.9\times12=1686$mm

内小箍筋长度=$[(300-2\times25-20-24)/3+20+24]\times2+(500-2\times25)\times2+$

$2\times11.9\times12=1411$mm

箍筋根数：

第一跨：

两端各 5Φ12；

中间箍筋根数=$(3600-200\times2-50\times2-150\times5\times2)/250-1=6$根

（注：因两端有箍筋，故中间箍筋根数-1）

第一跨箍筋根数=$5\times2+6=16$根

第二跨箍筋根数同第一跨，为 16 根

节点内箍筋根数=$400/150=3$根（注：节点内箍筋与梁端箍筋连接，计算根数不减）

JL01 箍筋总根数为：

外大箍根数=$16\times2+3\times3=41$根

内小箍根数=41 根

注意：JL 箍筋是从柱边起布置，而不是从梁边。

2. 基础梁 JL02（底部非贯通筋、架立筋）

（1）平法施工图

JL02 平法施工图，见图 3-3-2。

（2）钢筋计算（本例中不计算加腋筋）

1）计算参数

① 保护层厚度 $c=25$mm

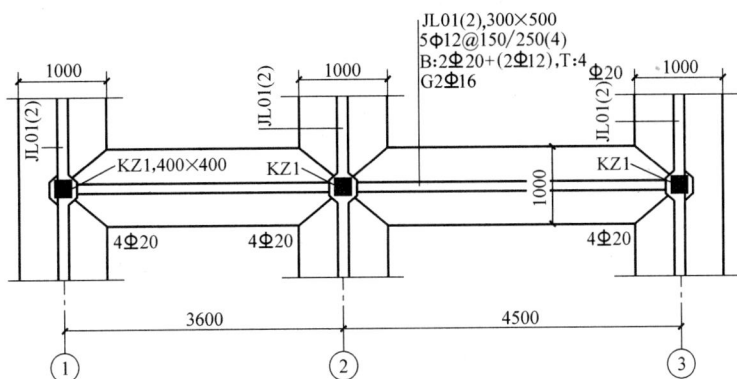

图 3-3-2 JL02 平法施工图

② 梁包柱侧腋＝50mm

③ 双肢箍长度计算公式：$(b-2c)\times2+(h-2c)\times2+(1.9d+10d)\times2$

2）钢筋计算过程如下：

① 底部贯通纵筋 2Φ20

长度＝$(3600+4500+200\times2+50\times2)-2\times25+2\times15\times20=9150$mm

② 顶部贯通纵筋 4Φ20

长度＝$(3600+4500+200\times2+50\times2)-2\times25+2\times15\times20=9150$mm

③ 箍筋

外大箍长度＝$(300-2\times25)\times2+(500-2\times25)\times2+2\times11.9\times12=1686$mm

内小箍筋长度＝$[(300-2\times25-20-24)/3+20+24]\times2+(500-2\times25)\times2+$
$2\times11.9\times12=1411$mm

箍筋根数：

第一跨：$5\times2+6=16$ 根

两端各 5Φ12；

中间箍筋根数＝$(3600-200\times2-50\times2-150\times5\times2)/250-1=6$根

第二跨：$5\times2+9=19$ 根

两端各 5Φ12；

中间箍筋根数＝$(4500-200\times2-50\times2-150\times5\times2)/250-1=9$根

节点内箍筋根数＝$400/150=3$根

JL02 箍筋总根数为：

外大箍根数＝$15+19+3\times3=43$根

内小箍根数＝43根

④ 底部端部非贯通筋 2Φ20

长度＝延伸长度 $l_n/3$＋支座宽度 h_c＋梁包柱侧腋－保护层 c＋弯折$15d$

＝$(4500-400)/3+400+50-25+15\times20=2092$mm

⑤ 底部中间柱下区域非贯通筋 2Φ20

$$长度=2\times l_n/3+h_c=2\times(4500-400)/3+400=3134mm$$

⑥ 底部架立筋 2Φ12

第一跨底部架立筋长度=$(3600-400)-(3600-400)/3-(4500-400)/3+2\times150=467mm$

第二跨底部架立筋长度=$(4500-400)-2\times[(4500-400)/3]+2\times150=1067mm$

拉筋（Φ8）间距为最大箍筋间距的 2 倍

第一跨拉筋根数=$[3600-2\times(200+50)]/500+1=8$根

第二跨拉筋根数=$[4500-2\times(200+50)]/500+1=9$根

3. 基础梁 JL03（双排钢筋、有外伸）

（1）平法施工图

JL03 平法施工图，见图 3-3-3。

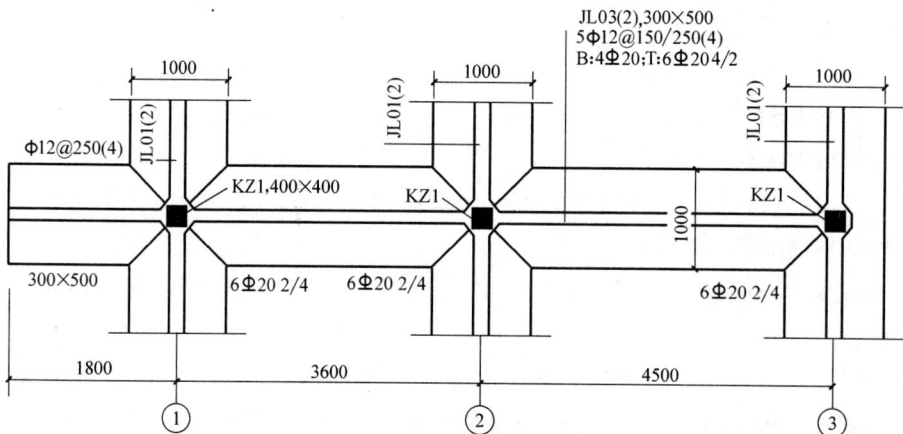

图 3-3-3　JL03 平法施工图

（2）钢筋计算（本例中不计算加腋筋）

1）计算参数

① 保护层厚度 $c=25mm$

② $l_a=29d$

③ 梁包柱侧腋=50mm

④ 双肢箍长度计算公式：$(b-2c)\times2+(h-2c)\times2+(1.9d+10d)\times2$

2）钢筋计算过程

① 底部贯通纵筋 4Φ20

长度=$(3600+4500+1800+200+50)-2\times25+15\times20+12\times50=10640mm$

② 顶部贯通纵筋上排 4Φ20

长度=$(3600+4500+1800+200+50)-2\times25+15\times20+12\times20=10640mm$

③ 顶部贯通纵筋下排 2Φ20

长度=$(3600-200)+4500+(200+50-25+15d)+29d$

$=(3600-200)+4500+(200+50-25+15\times20)+29\times20=8905mm$

④ 箍筋

外大箍长度＝(300－2×25)×2＋(500－2×25)×2＋2×11.9×12＝1686mm

内小箍筋长度＝[(300－2×25－20－24)/3＋20＋24]×2＋(500－2×25)×2＋
2×11.9×12＝1411mm

箍筋根数：

第一跨：5×2＋6＝16 根

两端各 5Φ12；

中间箍筋根数＝(3600－200×2－50×2－150×5×2)/250－1＝6根

第二跨：5×2＋9＝19 根

两端各 5Φ12；

中间箍筋根数＝(4500－200×2－50×2－150×5×2)/250－1＝9根

节点内箍筋根数＝400/150＝3根

外伸部位箍筋根数＝(1800－200－2×50)/250＋1＝7根

JL03 箍筋总根数为：

外大箍根数＝16＋19＋3×3＋7＝51根

内小箍根数＝51根

⑤ 底部外伸端非贯通筋 2Φ20（位于上排）

长度＝支座宽度 h_c 延伸长度 $l_n/3$＋伸至端部
＝400＋[(3600－400)/3]＋(1800－200－25)＝3042mm

⑥ 底部中间柱下区域非贯通筋 2Φ20（位于上排）

长度＝支座宽度 h_c＋延伸长度 $l_n/3$×2＝400＋2×[(4500－400)/3]＝3134mm

⑦ 底部右端（非外伸端）非贯通筋 2Φ20

长度＝支座宽度 h_c＋延伸长度 $l_n/3$＋伸至端部
＝(4500－400)/3＋400＋50－25＋15d
＝(4500－400)/3＋400＋50－25＋15×20＝1492mm

4. 基础梁 JL04（有高差）

（1）平法施工图

JL04 平法施工图，见图 3-3-4。

（2）钢筋计算（本例中不计算加腋筋）

1）计算参数

① 保护层厚度 c＝25mm

② l_a＝29d

③ 梁包柱侧腋＝50mm

④ 双肢箍长度计算公式：$(b-2c)×2＋(h-2c)×2＋(1.9d＋10d)×2$

2）钢筋计算过程

① 第一跨底部贯通纵筋 4Φ20

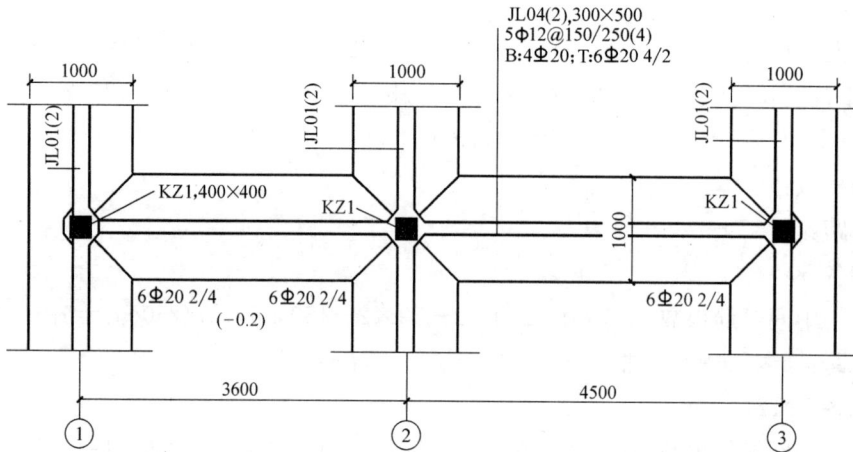

图 3-3-4 JL04 平法施工图

$$长度 = 3600 + (200 + 50 - 25 + 15d) + (200 - 25 + \sqrt{200^2 + 200^2} + 29d)$$

$$= 3600 + (200 + 50 - 25 + 15 \times 20) + (200 - 25 + \sqrt{200^2 + 200^2} + 29 \times 20)$$

$$= 5163mm$$

② 第二跨底部贯通纵筋 4Φ20

$$长度 = 4500 - 200 + 29d + 200 + 50 - 25 + 15d = 4500 - 200 + 29 \times 20 + 200 + 50 - 25 + 15 \times 20$$

$$= 5405mm$$

③ 第一跨左端底部非贯通纵筋 2Φ20

$$长度 = (4500 - 400)/3 + 400 + 50 - 25 + 15d$$

$$= (4500 - 400)/3 + 400 + 50 - 25 + 15 \times 20 = 2092mm$$

④ 第一跨右端底部非贯通纵筋 2Φ20

$$长度 = (4500 - 400)/3 + 400 + \sqrt{200^2 + 200^2} + 29d$$

$$= (4500 - 400)/3 + 400 + \sqrt{200^2 + 200^2} + 29 \times 20 = 2630mm$$

⑤ 第二跨左端底部非贯通纵筋 2Φ20

$$长度 = (4500 - 400)/3 + (29d - 200) = (4500 - 400)/3 + (29 \times 20 - 200) = 1747mm$$

⑥ 第二跨右端底部非贯通纵筋 2Φ20

$$长度 = (4500 - 400)/3 + 400 + 50 - 25 + 15d = (4500 - 400)/3 + 400 + 50 - 25 + 15 \times 20$$

$$= 2092mm$$

⑦ 第一跨顶部贯通筋 6Φ20 4/2

$$长度 = 3600 + 200 + 50 - 25 + 15d - 200 + 29d = 3600 + 200 + 50 - 25 + 15 \times 20 - 200 + 29 \times 20$$

$$= 4505mm$$

⑧ 第二跨顶部第一排贯通筋 4Φ20

$$长度 = 4500 + (200 + 50 - 25 + 15d) + 200 + 50 - 25 + 200(高差) + 29d$$

$$= 4500 + (200 + 50 - 25 + 15 \times 20) + (200 + 50 - 25 + 200 + 29 \times 20) = 6030mm$$

⑨ 第二跨顶部第二排贯通筋 2Φ20

$$长度=4500+400+50-25+2\times15d=4500+400+50-25+2\times15\times20$$
$$=5525mm$$

⑩ 箍筋

外大箍长度$=(300-2\times25)\times2+(500-2\times25)\times2+2\times11.9\times12=1686mm$

内小箍筋长度$=[(300-2\times25-20-24)/3+20+24]\times2+(500-2\times25)\times2+2\times11.9\times12$
$$=1411m$$

箍筋根数：

a. 第一跨：$5\times2+6=16$ 根

两端各 5Φ12；

中间箍筋根数$=(3600-200\times2-50\times2-150\times5\times2)/250-1=6$根

节点内箍筋根数$=400/150=3$根

b. 第二跨：$5\times2+9=19$（其中位于斜坡上的 2 根长度不同）

（a）左端 5Φ12，斜坡水平长度为 200，故有 2 根位于斜坡上，这 2 根箍筋高度取 700 和 500 的平均值计算：

外大箍长度$=(300-2\times25)\times2+(600-2\times25)\times2+2\times11.9\times12=1886mm$

内小箍长度$=[(300-2\times25-20-24)/3+20+24]\times2+(600-2\times25)\times2+2\times11.9\times12$
$$=1611mm$$

（b）右端 5Φ12：

中间箍筋根数$=(4500-200\times2-50\times2-150\times5\times2)/250-1=9$根

c. JL04 箍筋总根数为：

外大箍根数$=16+19+3\times3=44$ 根（其中位于斜坡上的 2 根长度不同）

里小箍根数$=44$ 根（其中位于斜坡上的 2 根长度不同）

3.3.2 条形基础底板钢筋计算实例

1. 条形基础底板底部钢筋（直转角）

（1）平法施工图

TJP$_P$01 平法施工图，见图 3-3-5。

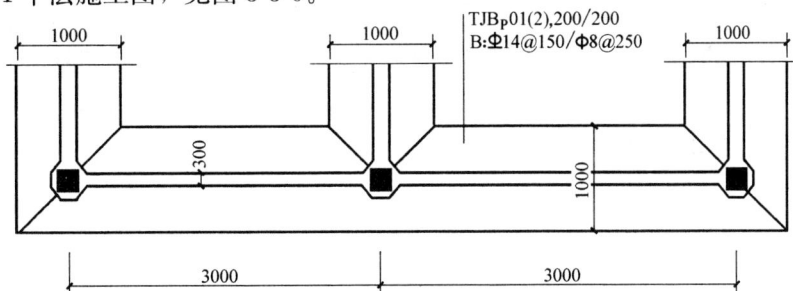

图 3-3-5 TJP$_P$01 平法施工图

（2）钢筋计算

1）计算参数

① 保护层厚度 $c=40\text{mm}$；

② 分布筋与同向受力筋搭接长度＝150mm；

③ 起步距离＝$s/2$。

2）钢筋计算过程

① 受力筋Φ14@150

$$长度＝条形基础底板宽度－2c＝1000－2\times40＝920\text{mm}$$

$$根数＝(3000\times2+2\times500-2\times75)/150+1＝47根$$

② 分布筋Φ8@250

$$长度＝3000\times2-2\times500+2\times40+2\times150＝5380\text{mm}$$

$$单侧根数＝(500-150-2\times125)/250+1＝2根$$

③ 计算简图

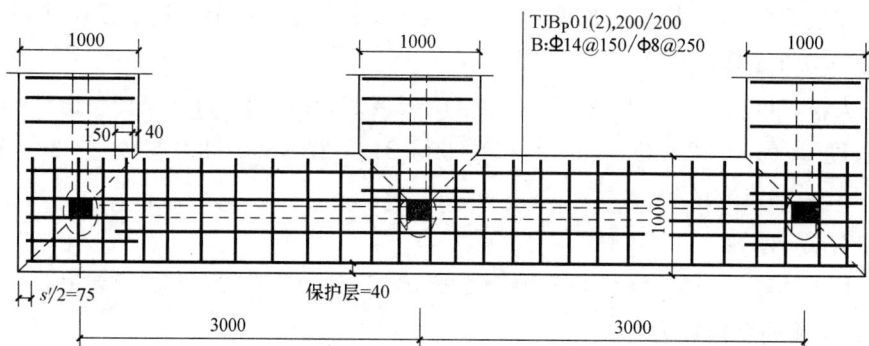

2. 条形基础底板底部钢筋（丁字交接）

（1）平法施工图

TJP_P02 平法施工图，见图 3-3-6。

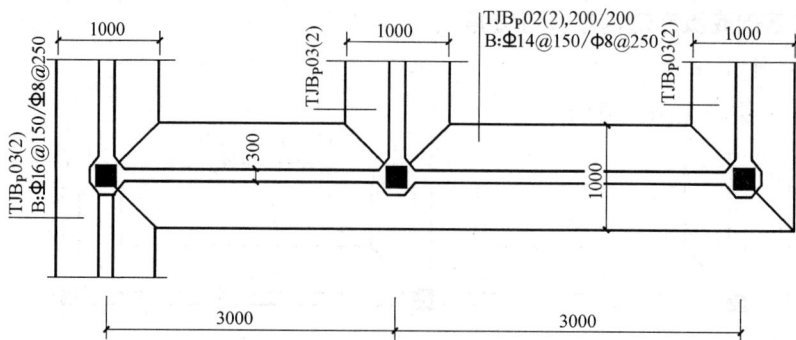

图 3-3-6 TJP_P02 平法施工图

（2）钢筋计算

1) 计算参数

① 保护层厚度 $c=40\text{mm}$；

② 分布筋与同向受力筋搭接长度＝150mm；

③ 起步距离＝$s/2$；

④ 丁字交接处，一向受力筋贯通，另一向受力筋伸入布置的范围＝$b/4$。

2) 钢筋计算过程

① 受力筋$\Phi 14@150$

$$长度＝条形基础底板宽度－2c＝1000－2\times 40＝920\text{mm}$$
$$根数＝(3000\times 2－75＋1000/4)/150＋1＝43根$$

② 分布筋$\Phi 8@250$

$$长度＝3000\times 2－2\times 500＋2\times 40＋2\times 150＝5380\text{mm}$$
$$单侧根数＝(500－150－2\times 125)/250＋1＝2根$$

③ 计算简图

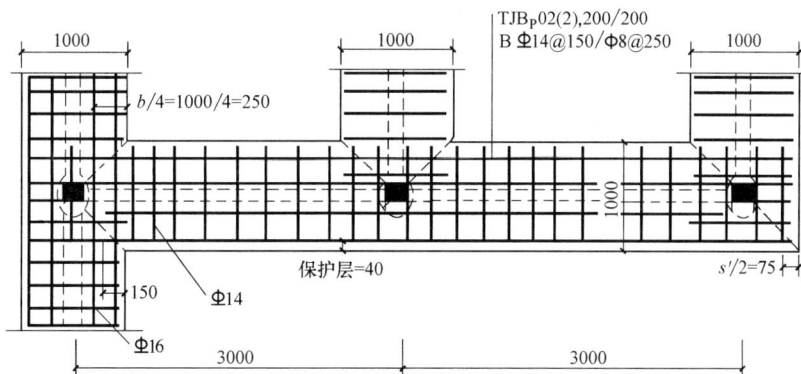

条形基础丁字交接处，丁字横向条形基础受力筋贯通。

3. 条形基础底板底部钢筋（十字交接）

(1) 平法施工图

$\text{TJP}_\text{P}03$ 平法施工图，见图 3-3-7。

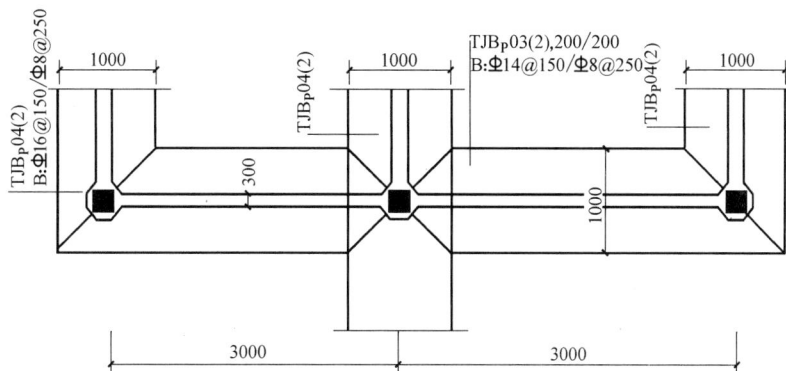

图 3-3-7 $\text{TJP}_\text{P}03$ 平法施工图

（2）钢筋计算

1）计算参数

① 保护层厚度 $c=40$mm；

② 分布筋与同向受力筋搭接长度＝150mm；

③ 起步距离＝$s/2$；

④ 十字交接处，一向受力筋贯通，另一向受力筋伸入布置的范围＝$b/4$。

2）钢筋计算过程

① 受力筋Φ14@150

长度＝条形基础底板宽度－2c＝1000－2×40＝920mm

根数＝26×2＝52根

第1跨＝(3000－75＋1000/4)/150＋1＝23根

第2跨＝(3000－75＋1000/4)/150＋1＝23根

② 分布筋Φ8@250

长度＝3000×2－2×500＋2×40＋2×150＝5380mm

单侧根数＝(500－150－2×125)/250＋1＝2根

③ 计算简图

本书中，条形基础十字交接处，配置较大的受力筋贯通。

4. 条形基础底板底部钢筋（直转角外伸）

（1）平法施工图

TJP$_P$04 平法施工图，见图 3-3-8。

（2）钢筋计算

1）计算参数

① 保护层厚度 $c=40$mm；

② 分布筋与同向受力筋搭接长度＝150mm；

③ 起步距离＝$s/2$；

④ 丁字交接处，一向受力筋贯通，另一向受力筋伸入布置的范围＝$b/4$。

2）钢筋计算过程

① 受力筋Φ14@150

长度＝条形基础底板宽度－2c＝1000－2×40＝920mm

根数＝50＋9＝59根

非外伸段根数＝(3000×2－75＋1000/4)/150＋1＝43根

外伸段根数＝(1500－500－75＋1000/4)/150＋1＝9根

② 分布筋Φ8@250

非外伸段长度＝3000×2－2×500＋2×40＋2×150＝5380mm

外伸段长度＝1500－500－40＋40＋150＝1150mm

单侧根数＝(500－150－2×125)/250＋1＝2根

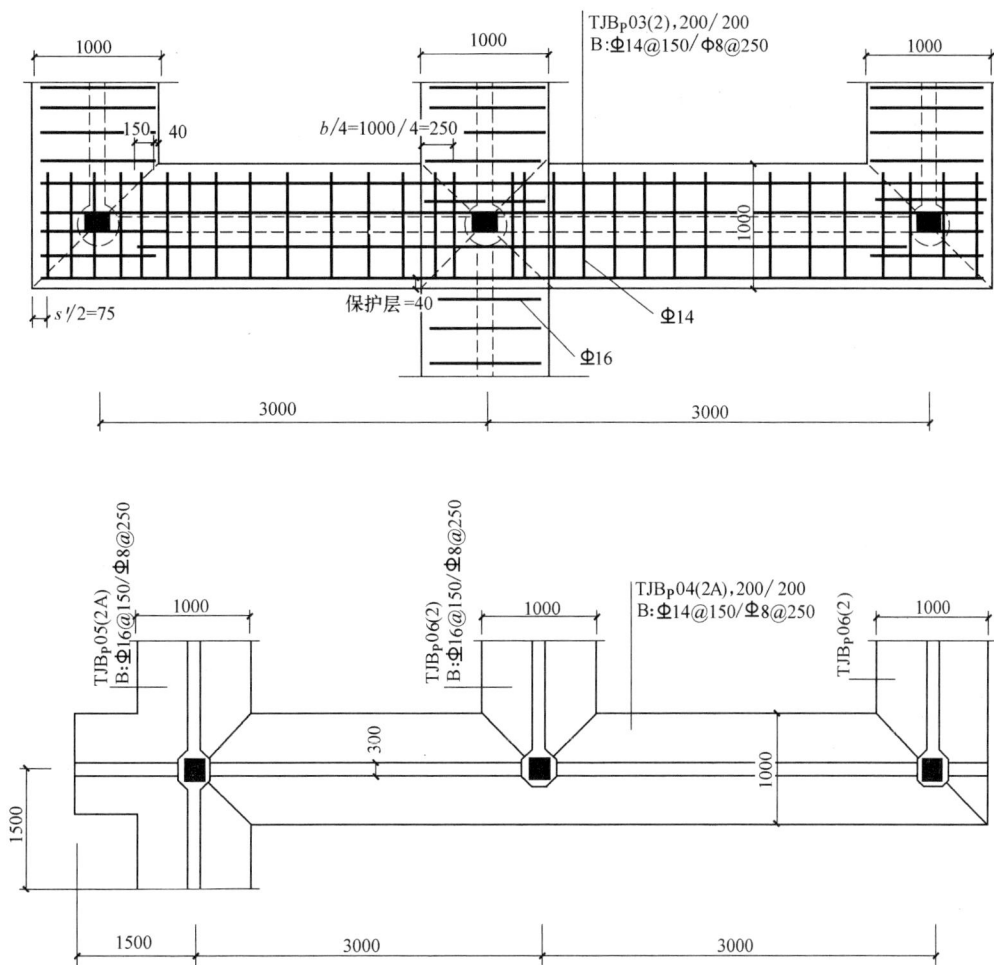

图 3-3-8 TJP$_P$04 平法施工图

③ 计算简图

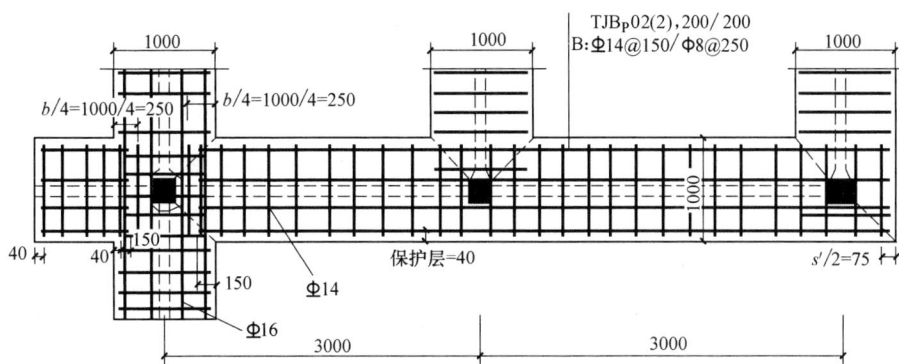

5. 条形基础底板端部无交接底板

（1）平法施工图

TJP$_P$05 平法施工图，见图 3-3-9。

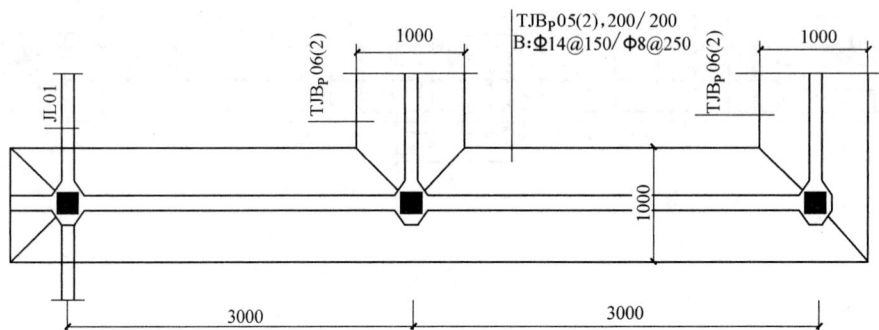

图 3-3-9　TJP$_P$05 平法施工图

（2）钢筋计算

1）计算参数

① 保护层厚度 c＝40mm；

② 分布筋与同向受力筋搭接长度＝150mm；

③ 起步距离＝$s/2$。

2）钢筋计算过程

① 受力筋Φ14@150

$$长度＝条形基础底板宽度－2c＝1000－2×40＝920mm$$

$$左端另一向交接钢筋长度＝1000－40＝960mm$$

$$根数＝47＋8＝55根$$

$$(3000×2＋500×2－2×75)/150＋1＝47根$$

$$左端另一向交接钢筋根数＝(1000－75)/150＋1＝8根$$

② 分布筋Φ8@250

$$长度＝3000×2－2×500＋40＋2×150＝5340mm$$

$$单侧根数＝(500－150－2×125)/250＋1＝2根$$

习　题

1. 9 Φ 16@100/Φ 16@200（6）的含义是什么？

2. 计算下图中 JL05 的钢筋。

TJB~P~01(2), 200/200

JL05(2), 300×700
5Φ10@100/200(4)
B:4Φ20；T:6Φ20 4/2

1000   1000   1000

KZ1, 400×400
10Φ20
Φ10@100/200

JL01(2)   JL01(2)   JL01(2)

KZ1   KZ1

1000

6Φ20 2/4   6Φ20 2/4   6Φ20 2/4
(−0.2)

3000   4200

① ② ③

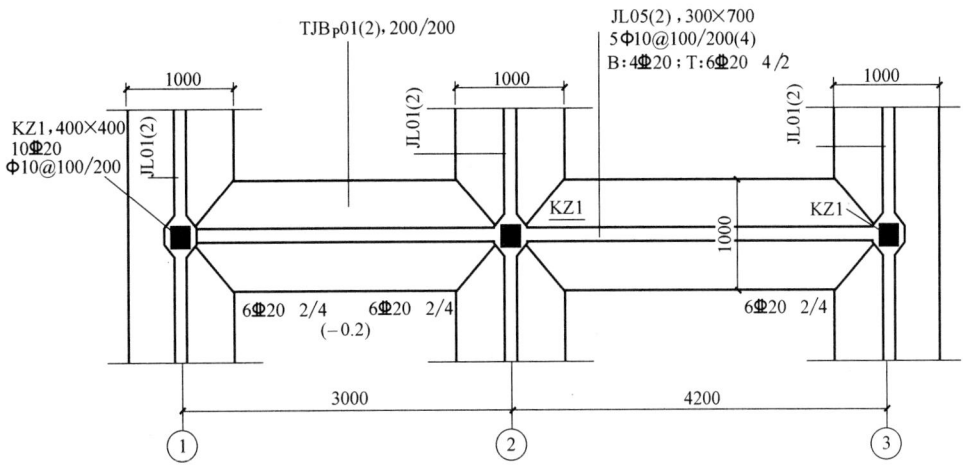

图 JL05平法施工图

4 筏 形 基 础

4.1 筏形基础平法识图

4.1.1 《16G101》筏形基础平法识图学习方法

1. 认识筏形基础

筏形基础一般用于高层建筑框架柱或剪力墙下。可分为"梁板式筏形基础"和"平板式筏形基础",梁板式筏形基础由基础主梁、基础次梁和基础平板组成,平板式筏形基础有两种组成形式,一是由柱下板带、跨中板带组成,二是不分板带,直接由基础平板组成。筏形基础的分类及构成,见图 4-1-1。

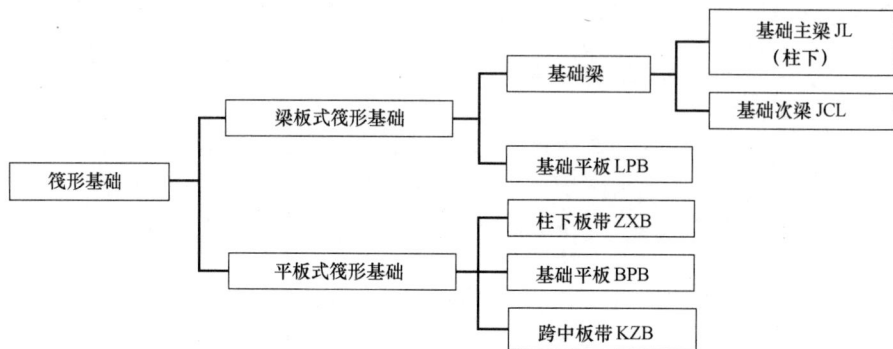

图 4-1-1 筏形基础的分类及构成

2. 筏形基础平法识图知识体系

筏板基础构件的制图规则知识体系如图 4-1-2 所示。

4.1.2 基础主/次梁平法识图

1. 基础主/次梁的平法表达方式

基础主/次梁的平法表达方式,见图 4-1-3。

2. 集中标注

(1) 基础主/次梁集中标注示意图

基础主/次梁集中标注包括编号、截面尺寸、配筋三相必注内容,以及基础梁底面标高高差(相对于筏形基础平板底面标高)一项选注内容,如图 4-1-4 所示。

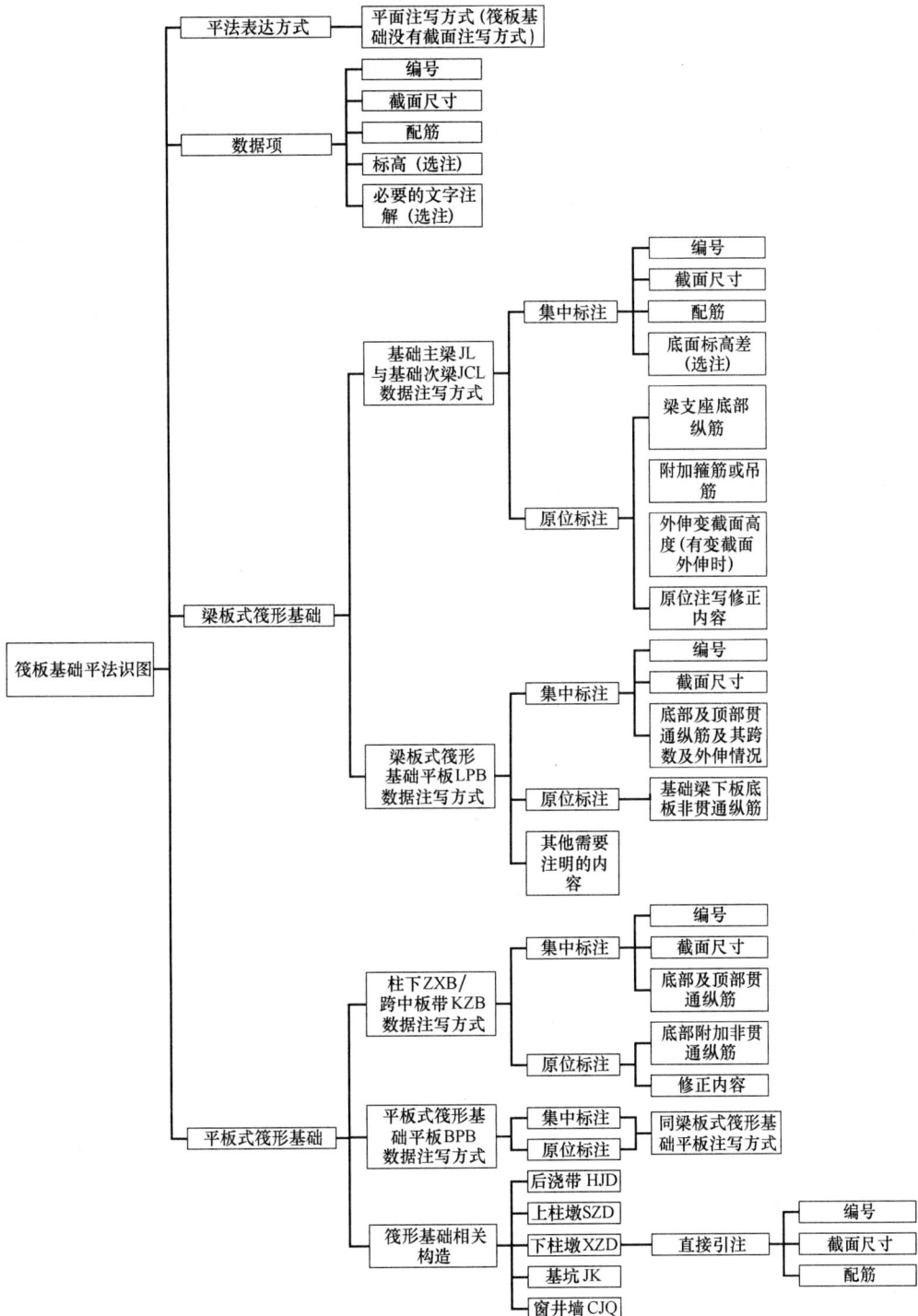

图 4-1-2 《16G101-3》筏板基础平法识图知识体系

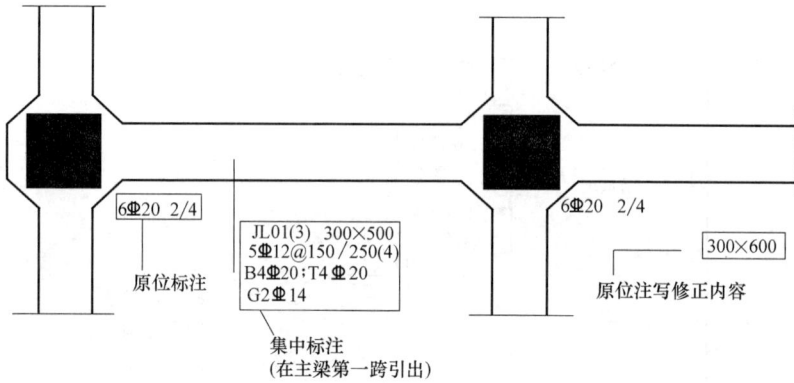

图 4-1-3 基础主/次梁平法表达方式

（2）基础主/梁编号表示方法

基础梁集中标注的和第一项必注内容是基础梁编号，由"代号"、"序号"、"跨数及是否有外伸"三项组成，如图 4-1-5 所示。其具体表示方法，见表 4-1-1。

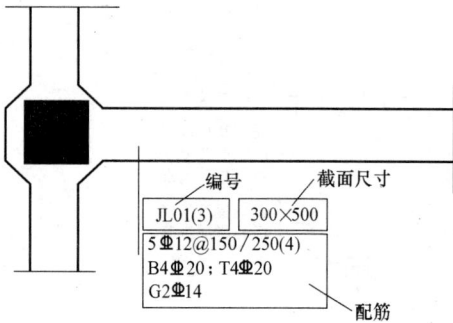

图 4-1-4 基础主/次梁集中标注

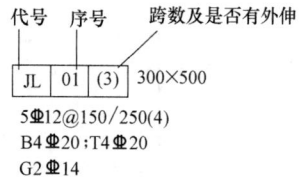

图 4-1-5 基础主/次梁编号平法标注

基础梁编号识图

表 4-1-1

构件类型	代号	序号	跨数及是否有外伸
基础主梁	JL	××	（××）端部无外伸，括号内的数字表示跨数
			（××A）一端有外伸
基础次梁	JCL	××	（××B）两端有外伸

（3）基础主/次梁截面尺寸识图

基础主/次梁截面尺寸用 $b \times h$ 表示梁截面宽度和高度，当为竖向加腋梁时，用 $b \times h$ $Yc_1 \times c_2$ 表示。

（4）基础主/次梁配识图

1）基础主/次梁箍筋表示方法的平法识图，见表 4-1-2。

基础主/次梁箍筋识图 表 4-1-2

箍筋表示方法	识 图	说 明
10@250(2)	只有一种间距，双肢箍 JL01(3) 300×500 10@250(2) B220；T220 G212 只有一种箍筋间距	当采用一种箍筋间距时，注写钢筋级别、直径、间距与肢数（写在括号内）
5 10@150/ 250(2)	两端各布置 5 根 10 间距 150 的箍筋，中间剩余部位按间距 250 布置，均为双肢箍 JL01(3) 300×500 510@150/250(2) B220；T220 G212 两端第一种箍筋 510@150(2)　　中间剩余部位10@250(2)	
5 10@150/ 6 15@150/ 250(2)	两端向里，先各布置 5 根 10 间距 150 的箍筋，再往里两侧各布置 6 根 15 间距 150 的箍筋，中间剩余部位按间距 250 的箍筋，均为双肢箍筋 JL01(3) 300×500 510@150/615@150/250(2) B220；T220 G212 两端第一种箍筋　两端第二种箍筋　中间剩余部位 510@150(2)　　615@150(2)　　15@150(2)	当采用两种箍筋时，用"/"分隔不同箍筋，按照从基础梁两端向跨中的顺序注写。先注写第 1 段箍筋（在前面加注箍数），在斜线后再注写第 2 段箍筋（不再加注箍数）
5 10@150(4)/ 12@250(2)	两端各布置 5 根 10 间距 150 的四肢箍筋，中间剩余部位布置 12 间距 250 的双肢箍筋 JL01(3) 300×500 510@150(4)/12@250(2) B220；T220 G212 两端第一种箍筋　　　中间剩余部位12@250(2) 510@150(4)	
重要说明	基础次梁的箍筋只在净跨范围内设置，基础主梁的箍筋标注只含净跨内箍筋，在两向基础主梁相交的柱下区域，应有一向箍筋全面贯通（不标注），本章第二节钢筋构造再详细讲解	

2）底部及顶部贯通纵筋识图

基础主/次梁底部以 B 打头，先注写梁底部贯通纵筋（不应少于底部受力钢筋总截面面积的 1/3）。当跨中所注根数少于箍筋肢数时，需要在跨中加设架立筋以固定箍筋，注写时，用加号"＋"将贯通纵筋与架立筋相连，架立筋注写在加号后面的括号内。

以 T 打头，注写梁顶部贯通纵筋值。注写时用分号"；"将底部与顶部纵筋分隔开。

【例】 B4Φ32；T7Φ32，表示梁的底部配置 4Φ32 的贯通纵筋，梁的顶部配置 7Φ32 的贯通纵筋。

当梁底部或顶部贯通纵筋多于一排时，用斜线"/"将各排纵筋自上而下分开。

【例】 梁底部贯通纵筋注写为 B8Φ28 3/5，则表示上一排纵筋为 3Φ28，下一排纵筋为 54Φ28。

3）侧部构造钢筋

以大写字母"G"打头，注写梁两侧面设置的纵向构造钢筋有总配筋值（当梁腹板高度 h_w 不小于 450mm 时，根据需要配置）。侧部纵向构造钢筋的拉筋不进行标注，按构造要求（《16G101-3》第 82 页对基础梁侧部纵向构造筋的拉筋构造要求为：直径为 8mm，间距是箍筋间距的两倍）进行配置即可，拉筋的配置详见本章第二节条形基础钢筋构造。

【例】 G8Φ16，表示两个侧面共配置 8Φ16 的纵向构造钢筋，每侧分别配置 4Φ16。

当需要配置抗扭纵向钢筋时，两个侧面设置的抗扭纵向钢筋以 N 打头。

【例】 N8Φ16，表示两个侧面共配置 8Φ16 的纵向抗扭钢筋，沿截面周边均匀对称设置。

注：1. 当为梁侧面构造钢筋时，其搭接与锚固长度可取为 15d。
　　2. 当为梁侧面受扭纵向钢筋时，其锚固长度为 l_a，搭接长度为 l_l；其锚固方式同基础梁上部纵筋。

（5）梁底面标高标差

注写基础主/次梁底面相对于筏形基础平板底面的标高高差，该项为选注值，有标高差时写入括号内（如"高板位"与"中板位"基础梁的底面与基础平板地面标高的高差值），无高差时不注（如"低板位"筏形基础的基础梁）。

3. 原位标注识图

（1）基础主/次梁支座底部纵筋

1）认识基础主/次梁支座底部纵筋

基础主/次梁支座底部纵筋，系包括贯通纵筋与非贯通纵筋在内的所有纵筋，见图 4-1-6。

图中，6Φ20 2/4，是指该位置共有 6 根直径 20 的钢筋。其中上排 2 根，下排 4 根。下排的 4 根其实就是集中标注中的底部贯通纵筋。

2）基础主/次梁支座原位标注的识图

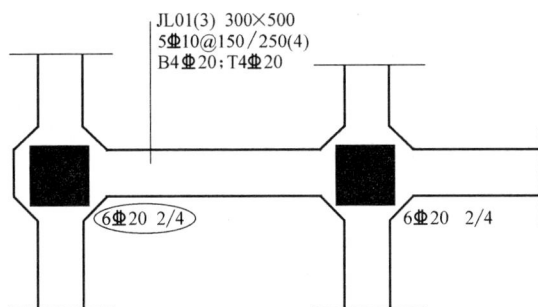

图 4-1-6 基础主/次梁支座底部纵筋实例

基础主/次梁支座原位标注识图，见表 4-1-3。

基础主/次梁支座原位标注识图

表 4-1-3

标注方法	识 图	标准说明
6 Φ 20　2/4	上下两排,上排 2 Φ 20 是底部非贯通纵筋,下排 4 Φ 20 是集中标注的底部贯通纵筋 	当底部纵筋多余一派是,用"/"将各排纵筋自上而下分开
6 Φ 20　2/4	支座左右的配筋均为上下两排,上排 2 Φ 20 是底部非贯通纵筋,下排 4 Φ 20 是集中标注的底部贯通纵筋 	中间支座两边配筋相同时,只标注在一侧

标注方法	识　图	标准说明
2 Φ 20+2 Φ 18	图中2Φ20是集中标注的底部贯通纵筋,2Φ18底部非贯通纵筋 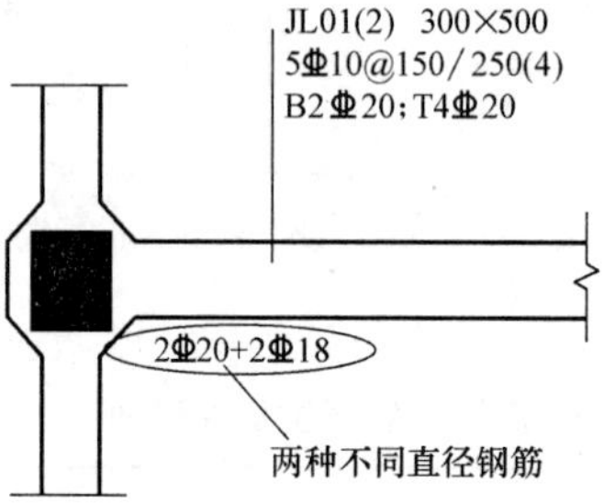 JL01(2)　300×500 5Φ10@150/250(4) B2Φ20;T4Φ20 2Φ20+2Φ18 两种不同直径钢筋	由两种不同直径钢筋组成,用"+"连接
4 Φ 20②5 Φ 20	(1)中间支座柱下两侧底部配筋不同,②轴左侧4Φ20,其中2根为集中标注的底部贯通筋,另2根为底部非贯通纵筋;②轴右侧5Φ20,其中2根为集中标注的底部贯通纵筋,另3根为底部非贯通纵筋。 (2)②轴左侧为4根,右侧为5根,它们直径相同,只是根数不同,则其中4根贯穿②轴,右侧多出的1根进行锚固 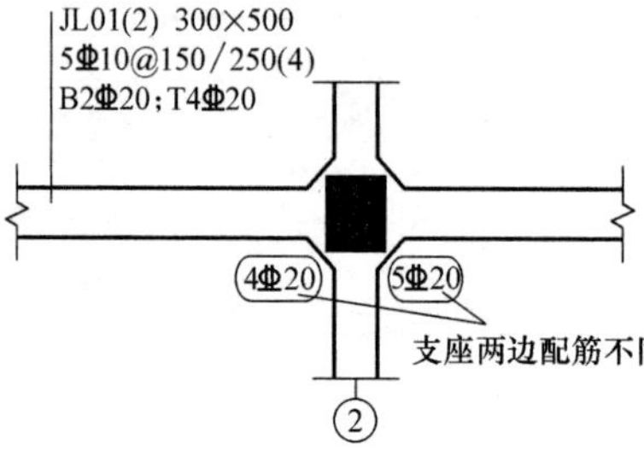 JL01(2)　300×500 5Φ10@150/250(4) B2Φ20;T4Φ20 4Φ20　5Φ20 支座两边配筋不同 ②	当梁中间支座两边底部纵筋配置不同时,须在支座两边分别标注

（2）附加箍筋或（反扣）吊筋

基础主、次梁交叉位置，基础次梁支撑在基础主梁上，因此应在基础主梁上配置附加箍筋或附加吊筋，平法标注是将其直接画在平面图中的主梁上，用线引注总配筋值（附加箍筋的肢数注在括号内），当多数附加箍筋或（反扣）吊筋相同时，可在基础梁平法施工图上统一注明，少数与统一注明值不同时，再原位引注。

1）附加箍筋

附加箍筋的平法标注，见图4-1-7，表示每边各加4根，共8根附加箍筋，4肢箍。附加箍筋的间距，以及与基础主/次梁本身的箍筋的关系，详见本章第二节钢筋构造。

2）附加吊筋

附加吊筋的平法标注，见图4-1-8。

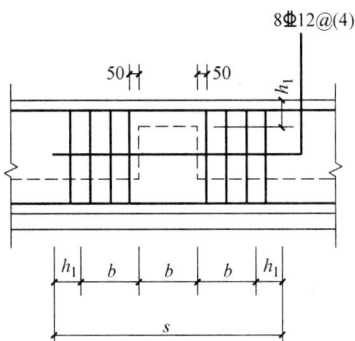

图 4-1-7 基础主/次梁附加箍筋平法标注

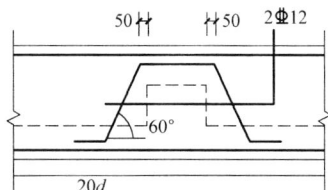

图 4-1-8 基础主/次梁附加吊筋平法标注

（3）外伸部位的变截面高度尺寸

基础主/次梁外伸部位如果有变截面，在该部位原位注写 $b \times h_1/h_2$，h_1 为根部截面高度，h_2 为尽端截面高度，见图 4-1-9。

（4）原位标注修正内容

当在基础梁上集中标注的某项内容（如梁截面尺寸、箍筋、底部与顶部贯通纵筋或架立筋、梁侧面纵向构造钢筋、梁底面标高高差等）不适用于某跨或某外伸部

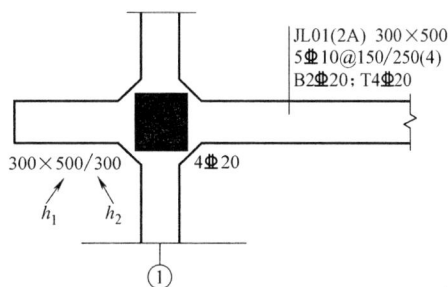

图 4-1-9 基础主/次梁外伸部位变截面高度尺寸

分时，则将其修正内容原位标注在该跨或该外伸部位，施工时原位标注取值优先。

当在多跨基础梁的集中标注中已注明竖向加腋，而该梁某跨根部不需要竖向加腋时，则应在该跨原位标注等截面的 $b \times h$，以修正集中标注中的加腋信息。见图 4-1-10，JL01 集中标注的截面尺寸为 300mm×700mm，第 3 跨原位标注为 300mm×500mm，表示第 3 跨发生了截面变化。

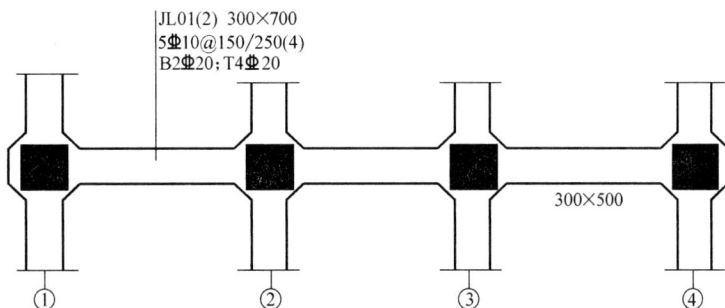

图 4-1-10 原位标注修正内容

4.1.3 筏基平板平法识图

梁板式筏形基础平板 LPB 的平面注写，分集中标注与原位标注两部分内容。

1. 认识梁板式筏形基础平板平法标注

梁板式筏形基础平板的平法标注方式，识图要点为：

（1）集中标注应在所表达的板区双向均为第一跨（X 与 Y 双向首跨）的板上引出（图面从左至右为 X 向，从下至上为 Y 向）。如图 4-1-11 所示。

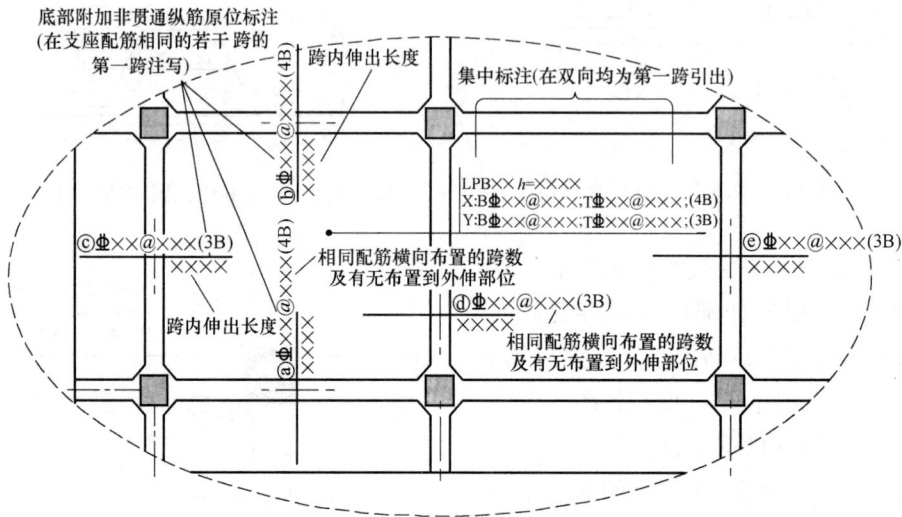

图 4-1-11　筏基平板集中标注

筏基平板"板区"的划分条件：板厚相同、基础平板底部与顶部贯通纵筋配置相同的区域为同一板区。

（2）原位标注在配置相同的若干跨的第一跨下注写。

在配置相同跨的第一跨（或基础梁外伸部位），垂直于基础梁，绘制一段中粗虚线（当该筋通长设置在外伸部位或短跨板下部时，应画至对边或贯通短跨），再续线上注写编号（如①、②等）、配筋值、横向布置的跨数及是否布置到外伸部位，见图 4-1-12。

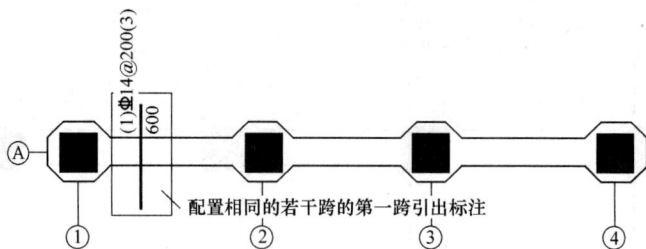

图 4-1-12　筏基平板原位标注

2. 集中标注

（1）集中标注识图

集中标注包括编号、截面尺寸、底部与顶部贯通纵筋及其跨数及外伸长度。见

图4-1-13。

（2）集中标注说明

集中标注说明见表4-1-4。

梁板式筏形基础基础平板 LPB 集中标注说明　　　　　　　　　　表 4-1-4

集中标注说明：集中标注应在双向均为第一跨引出		
注写形式	表达内容	附加说明
LPB××	基础平板编号，包括代号和序号	为梁板式基础的基础平板
$H=××××$	基础平板厚度	
X：BΦ××@××××； TΦ××@××××； （×、×A、×B） Y：BΦ××@××××； TΦ××@××××； （×、×A、×B）	X 向底部与顶部贯通纵筋强度等级、直径、间距（跨数及有无外伸） Y 向底部与顶部贯通纵筋强度等级、直径、间距（跨数及有无外伸）	底部纵筋应有不少于 1/3 贯通全跨，注意与非贯通纵筋组合设置的具体要求，详见制图规则。顶部纵筋应全跨连通。用 B 引导底部贯通纵筋，用 T 引导顶部贯通纵筋。（×A）：一端有外伸；（×B）：两端均有外伸；无外伸则仅注跨数（×）。阅面从左至右为 X 向，从下至上为 Y 向

3. 原位标注识图

（1）原位标注内容

原位标注应在配置相同跨的第一跨表达（当在基础梁悬挑部位单独配置时则在原位表达）。标注编号（如①、②等）、配筋值、横向布置的跨数及是否布置到外伸部位。见图4-1-14。

注：（××）为横向布置的跨数，（××A）为横向布置的跨数及一端基础梁的外伸部位，（××B）为横向布置的跨数及两端基础梁外伸部位。

（2）原位标注说明

梁板式筏形基础基础平板 LPB 原位标注说明　　　　　　　　　　表 4-1-5

板底部附加非贯通筋的原委标注说明：原位标注应在基础梁下相同配筋跨的第一跨下注写		
注写形式	表达内容	附加说明
	底部附加非贯通纵筋编号、强度等级、直径、间距（相同配筋横向布置的跨数及有无布置到外伸部位）；自梁中心线分别向两边跨内的伸出长度值	当向两侧对称伸出时，可只在一侧注伸出长度值。外伸部位一侧的伸出长度与方式按标准构造，设计不注。相同非贯通纵筋只可注写一处，其他仅在中粗虚线上注写编号。与贯通纵筋组合设置时的具体要求详见相应制图规则
修正内容原位注写	某部位与集中标注不同的内容	原位标注的修正内容取值优先

4. 应在图中注明的其他内容

筏基平板除了上述集中标注与原位标注，还有一些内容，需要在图中注明，包括：

（1）当在基础平板周边沿侧面设置纵向构造钢筋时，应在图中注明。

（2）应注明基础平板外伸部位的封边方式，当采用 U 形钢筋封边时应注明其规格、直径及间距。

（3）当基础平板外伸变截面高度时，应注明外伸部位的 h_1/h_2，h_1 为板根部截面高度，h_2 为板尽端截面高度。

（4）当基础平板厚度大于 2m 时，应注明具体构造要求。

（5）当在基础平板外伸阳角部位设置放射筋时，应注明放射筋的强度等级、直径、根数以及设置方式等。

（6）板的上、下部纵筋之间设置拉筋时，应注明拉筋的强度等级、直径、双向间距等。

（7）应注明混凝土垫层厚度与强度等级。

（8）结合基础主梁交叉纵筋的上下关系，当基础平板同一层面的纵筋相交叉时，应注明何向纵筋在下，何向纵筋在上。

（9）设计需注明的其他内容。

4.1.4　平板式筏形基础识图

1. 认识平板式筏形基础的平法标注

平板式筏形基础有两种构造形式，如图 4-1-13 所示，一种是由柱下板带与跨中板带组成，另一种是由基础平板组成。

图 4-1-13　平板式筏形基础构造形式

直接由基础平板组成的平板式筏形基础，其平法标注方法同梁板式筏形基础平板（只是板编号不同），此处主要讲解由柱下板带与跨中板带组成的平板式筏形基础。

柱下板带（跨中板带）的平法标注，由集中标注和原位标注组成，见图 4-1-14。

2. 柱下板带（跨中板带）的集中标注识图

柱下板带（跨中板带）的集中标注，应在第一跨（X 向为左端跨，Y 向为下端跨）引出。由编号、截面尺寸、底部与顶部贯通纵筋三项内容组成，见图 4-1-15。

柱下板带（跨中板带）集中标注识图中，注意以下两个要点：

（1）板带宽度 b 是指板向短向的边长；

（2）板带的配筋中，底部和顶部贯通纵筋是指沿板长向的配筋，且只有沿长向的配筋，沿短向没有配筋。

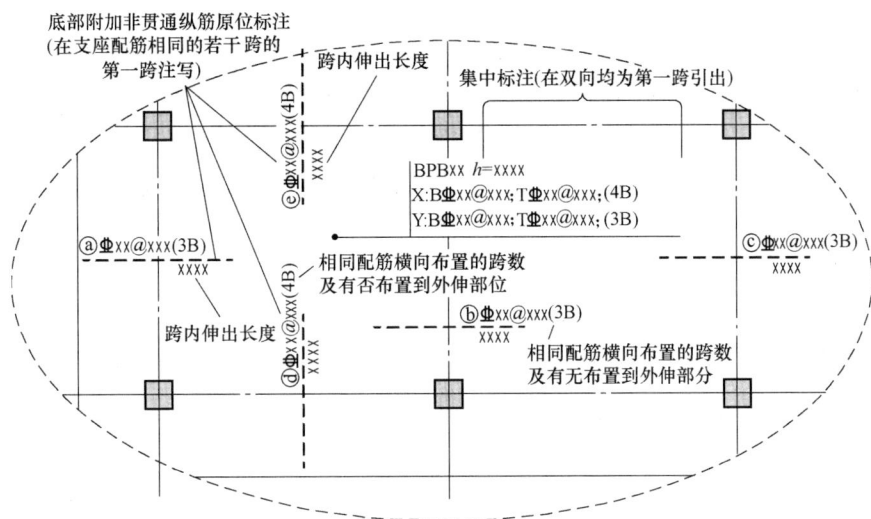

图 4-1-14 平板式筏形基础平法标注示意图

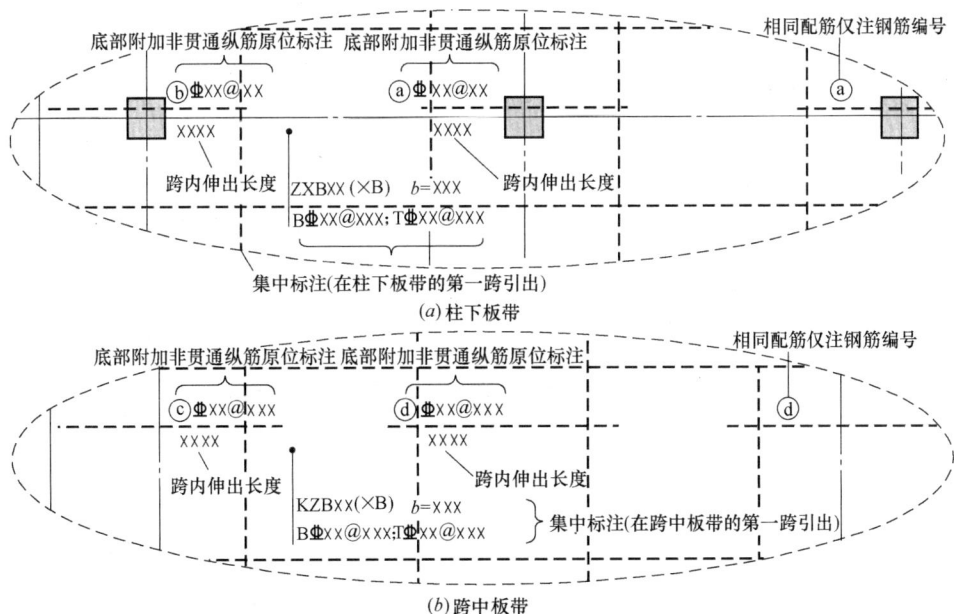

图 4-1-15 柱下板带（跨中板带）的集中标注识图

3. 柱下板带（跨中板带）原位标注识图

以一段与板带同向的中粗虚线代表附加非贯通纵筋；柱下板带：贯穿其柱下区域绘制；跨中板带：横贯柱中线绘制。在虚线上注写底部附加非贯通纵筋的编号（如①、②等）、钢筋级别、直径、间距，以及自柱中线分别向两侧跨内的伸出长度值。当向两侧对称伸出时，长度值可仅在一侧标注，另一侧不注。外伸部位的伸出长度与方式按标准构造，设计不注。对同一板带中底部附加非贯通筋相同者，可仅在一根钢筋上注写，其他可仅在中粗虚线上注写编号。

原位注写的底部附加非贯通纵筋与集中标注的底部贯通纵筋，宜采用"隔一布一"的方式布置，即柱下板带或跨中板带底部附加纵筋与贺通纵筋交错插空布置，其标注间距与底部贯通纵筋相同（两者实际组合后的间距为各自标注间距的 1/2）。

当跨中板带在轴线区域不设置底部附加非贯通纵筋时，则不做原位注写。

4.1.5 筏形基础相关构件平法识图

筏形基础相关构造是指上柱墩、下柱墩、基坑（沟）、后浇带、窗井墙构造，这些相关构造的平法标注，采用"直接引注"的方法，"直接引注"是指在平面图构造部位直接引出标注该构造的信息，见图 4-1-16。基础相关构造类型与编号，见表 4-1-6。

基础相关构造类型与编号 表 4-1-6

构造类型	代号	序号	说明
后浇带	HJD	××	用于梁板、平板筏基础、条形基础
上柱墩	SZD	××	用于平板筏基础
下柱墩	XZD	××	用于梁板、平板筏基础
基坑(沟)	JK	××	用于梁板、平板筏基础
窗井墙	CJQ	××	用于梁板、平板筏基础

《16G101-3》中，对筏形基础相关构造的直接引注法，有专门的图示讲解，本书不再讲解，参见《16G101-3》图集第 107～111 页。

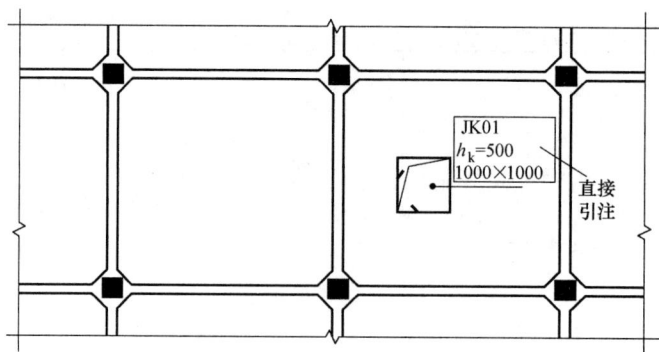

图 4-1-16 "直接引注"法示意图

4.2 筏形基础钢筋构造

本节主要介绍筏形基础的钢筋构造，是筏形基础的各种钢筋在实际工程中可能出现的各种构造情况。知识结构如图 4-2-1 所示。

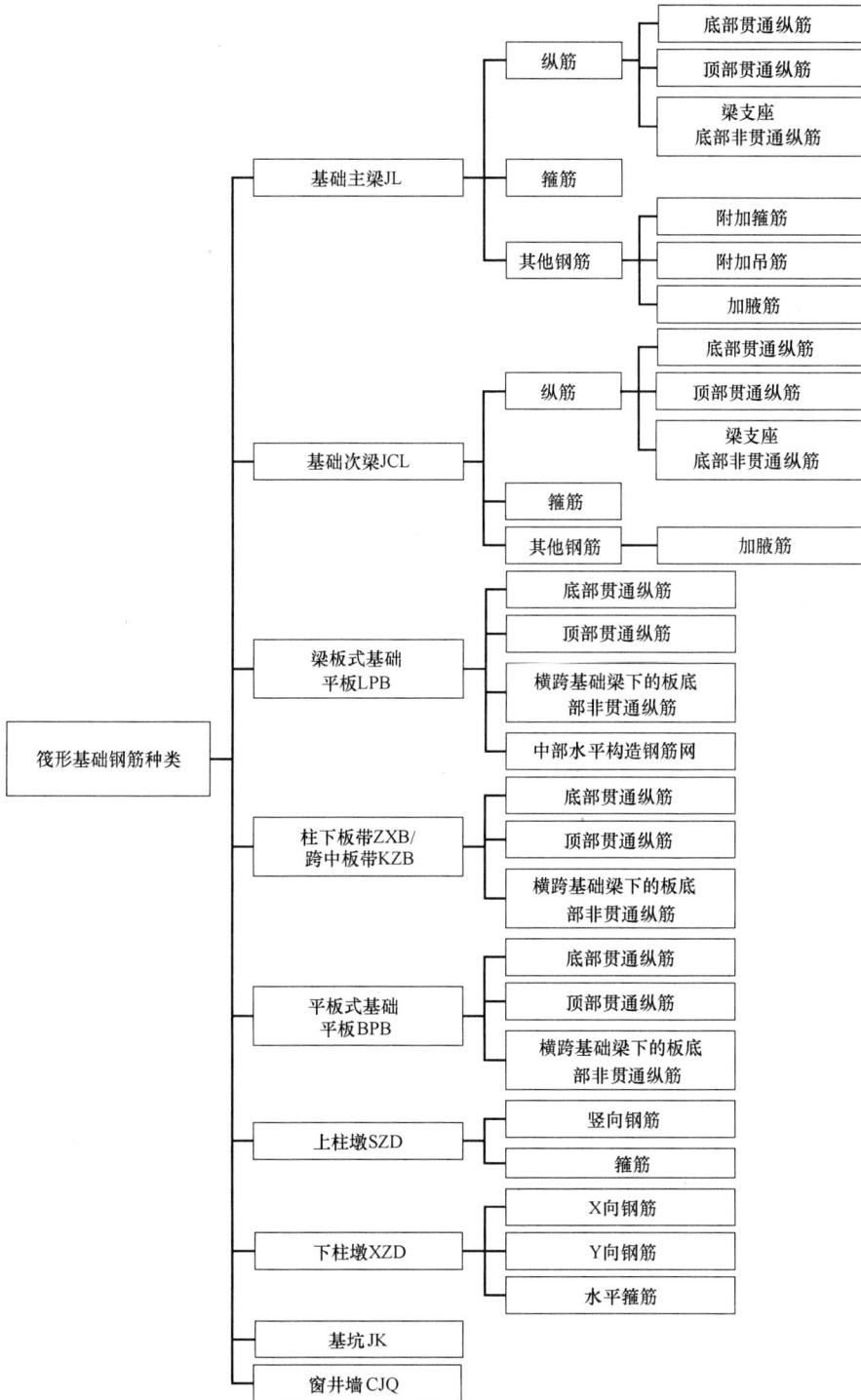

图 4-2-1 筏形基础钢筋种类

注：在实际工程中，主要采用梁板式筏形基础，平板式筏形基础应用相对较少，故本节主要介绍梁板式筏形基础。平板式筏形基础及筏形基础相关构造不做介绍。

4.2.1 基础主梁 JL 钢筋构造

1. 基础主梁底部贯通纵筋构造情况

（1）基础主梁底部贯通纵筋构造知识体系

有关基础主梁底部贯通纵筋构造知识体系如图 4-2-2 所示。（注：本书中基础主梁底部贯通纵筋按一排考虑，未考虑第二排底部贯通筋）

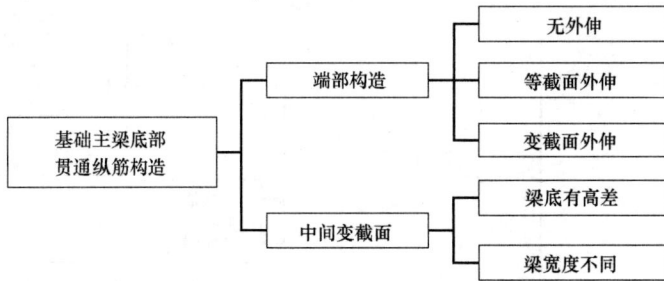

图 4-2-2 基础主梁底部贯通纵筋构造情况

（2）基础主梁底部贯通纵筋构造要点及识图

基础主梁底部贯通纵筋构造要点，如表 4-2-1 所示。

基础主梁底部贯通纵筋构造要点 表 4-2-1

类型	识 图	钢筋构造要点
无外伸		(1)梁包柱侧腋尺寸为 50mm； (2)底部第一排贯通纵筋,伸至端部弯折 $15d$

类型	识　图	钢筋构造要点
等截面外伸	边柱或角柱 12d 垫层	伸至外伸尽端弯折 12d
变截面外伸	边柱或角柱 50　50 h_2　12d 垫层	伸至外伸尽端弯折 12d
梁底有高差	边柱或角柱 50 l_a　α　垫层 l_a	(1)梁底高差坡度 α,根据场地可取 30°、45°、60°,计算钢筋时可按 45° 取值; (2)注意 l_a 的起算位置
梁宽度不同	50　50 15d 垫层 $l_n/3$　h_c　$l_n/3$	(1)宽出部位第一排钢筋伸至对边 弯折 15d; (2)宽出部位第二排钢筋: 弯锚:伸至对边弯折 15d; 直锚:≥l_a

2. 基础主梁支座底部非贯通纵筋构造

（1）基础主梁支座底部非贯通纵筋构造知识体系

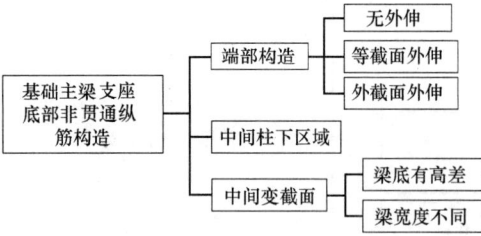

基础主梁支座底部非贯通纵筋的构造知识体系，如图 4-2-3 所示。

注意：基础主梁支座底部非贯通纵筋，可能位于第一排，也可能位于第二排。

基础主梁支座底部非贯通纵筋，自支座边缘向跨内延伸长度 $=\max\,(l_\mathrm{n}/3,\ l_\mathrm{n}')$，见图 4-2-4。

l_n 为边跨端部，取本跨中心跨度；中柱底部，取中柱中线两边较大的一跨的中心跨度。

图 4-2-3 基础主梁支座底部非贯通纵筋构造知识体系

（2）基础主梁支座底部非贯通纵筋构造要点

基础主梁支座底部非贯通纵筋构造要点，如表 4-2-2 所示。

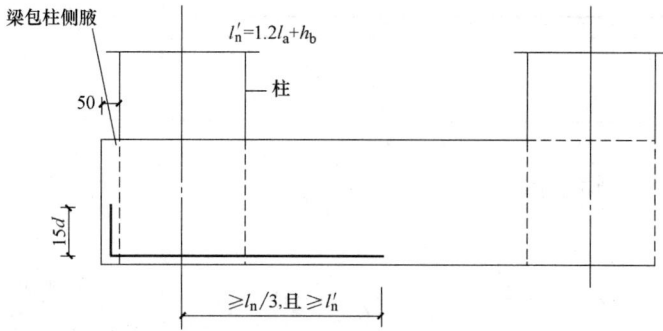

图 4-2-4 基础主梁支座底部非贯通纵筋延伸长度

基础主梁支座底部非贯通纵筋构造要点　　　　表 4-2-2

类型	识　图	钢筋构造要点
无外伸		（1）基础主梁底部端部第二排非贯通筋伸至端部弯折 $15d$，水平段长度 $\geq 0.6l_\mathrm{ab}$； （2）从柱边缘向跨内的延伸长度为 $l_\mathrm{n}/3$

类型	识　图	钢筋构造要点
等截面外伸		(1)底部非贯通筋位于上排,则伸至端部截断;底部非贯通位于下排(与贯通位于同一排),则端部构造同贯通筋; (2)从柱中心线向跨内的延伸长度为 $\max(l_n/3, l'_n)$
变截面外伸		从柱中心线向跨内的延伸长度为 $\max(l_n/3, l'_n)$
中间柱下区域		从柱中心线向跨内的延伸长度为 $l_n/3$

类型	识　图	钢筋构造要点
梁底有高差		(1)低位： 位于第一排的底部非贯通筋构造与底部贯通筋构造相同；位于第二排的底部非贯通筋，伸至尽端钢筋内侧，总锚长≥l_a（够直锚时可不弯钩）； (2)高位： 底部非贯通筋锚入柱内 l_a
梁宽度不同		(1)宽出部位的第一排钢筋，和顶部贯通筋成对连通； (2)宽出部位第二排底部非贯通筋： 直锚：l_a 弯锚：伸至柱外边弯折 $15d$

3. 基础主梁顶部贯通纵筋构造知识体系

（1）基础主梁顶部贯通纵筋构造情况知识体系

讲述了基础主梁顶部贯通纵筋的构造知识体系，如图 4-2-5 所示。

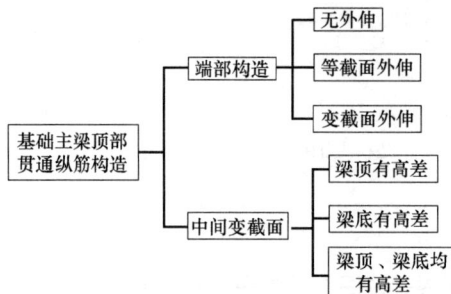

图 4-2-5　基础主梁顶部贯通纵筋构造情况

（2）基础主梁顶部贯通纵筋构造要点

基础主梁顶部贯通纵筋构造要点，如表 4-2-3 所示。

基础主梁顶部贯通纵筋构造要点

表 4-2-3

类型	识　图	钢筋构造要点
无外伸	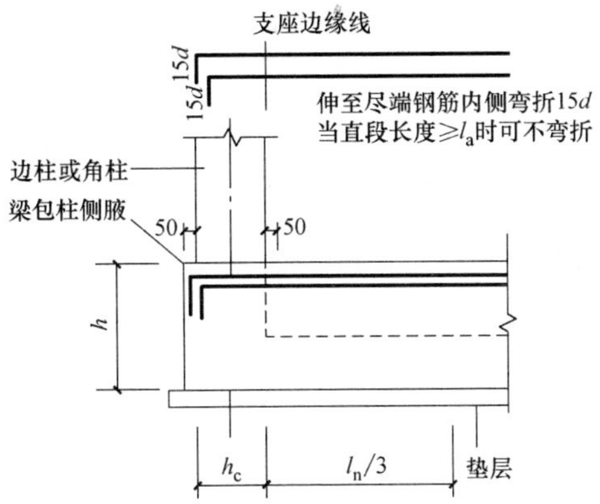	（1）顶部贯通纵筋伸至端部弯折 $15d$； （2）当直段长度$\geq l_a$ 时，可不弯折； （3）梁包柱侧腋尺寸为 50mm
等截面外伸	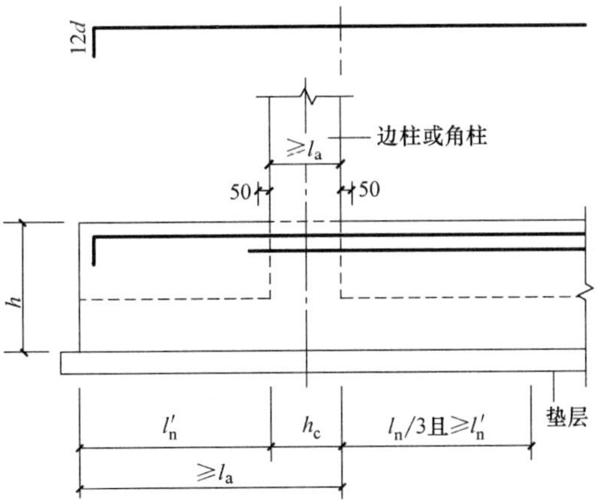	（1）顶部上排钢筋伸于外伸尽端弯折 $12d$； （2）顶部下排钢筋不伸入外伸部位，伸至柱内 l_a
变截面外伸	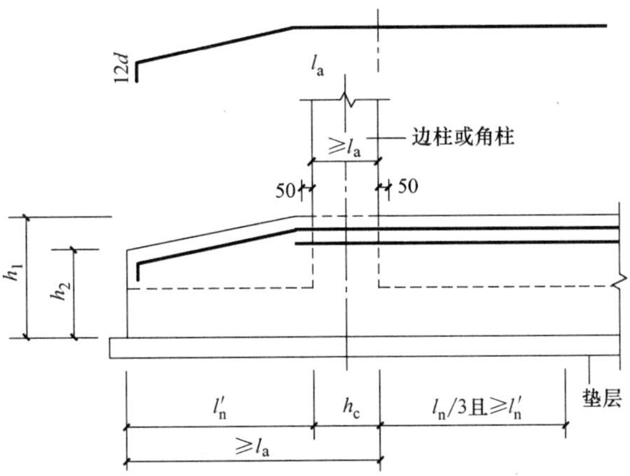	（1）顶部上排钢筋伸于外伸尽端弯折 $12d$； （2）顶部下排钢筋不伸入外伸部位，锚入柱内 l_a

类型	识　图	钢筋构造要点
梁顶有高差		(1)低位:锚入 l_a; (2)高位上排:伸至柱外边下弯至低位梁顶再加 Z; (3)高位下排:伸至尽端钢筋内侧弯折 $15d$;当直段长度 $\geqslant l_a$ 时可不弯折
梁宽度不同		宽出部位第一排和第二排钢筋; 　弯锚:伸到柱尽端钢筋内侧弯折 $15d$; 　直锚:直段长度 $\geqslant l_a$

4. 基础梁与柱结合部侧腋、竖向加腋筋构造情况

基础梁与柱结合部侧腋构造情况可分为五种,见表 4-2-4。

基础梁与柱结合部侧腋构造情况　　　　　　　　表 4-2-4

情　　况	识　图
十字交叉基础梁与柱结合部侧腋构造	

情　况	识　图
丁字交叉基础梁与柱结合部侧腋构造	直径≥12且不小于柱箍筋直径,间距与柱箍筋间距相同 Φ8@200 50 l_a 50 50 Φ8@200 直径≥12且不小于柱箍筋直径,间距与柱箍筋间距相同
无外伸基础梁与柱结合部侧腋构造	直径≥12且不小于柱箍筋直径,间距与柱箍筋间距相同 l_a 50 l_a 50 Φ8@200 50 50 50 直径≥12且不小于柱箍筋直径,间距与柱箍筋间距相同
基础梁中心穿柱侧腋构造	50 l_a 45° 50 50 Φ8@200 直径≥12且不小于柱箍筋直径,间距与柱箍筋间距相同
基础梁偏心穿柱与柱结合部侧腋构造	直径≥12且不小于柱箍筋直径,间距与柱箍筋间距相同 Φ8@200 l_a 50 ≥基础梁角部纵筋最大直径 (柱外侧纵筋在梁角筋内侧)

基础主梁 JL 竖向加腋筋构造，可以参见本书"条形基础"的有关章节，具体标准参见《16G101-3》图集第 80 页。

5. 箍筋构造情况

基础主梁箍筋构造见表 4-2-5。

基础主梁箍筋构造

表 4-2-5

箍筋位置	识　图	构造要点
起步距离箍筋	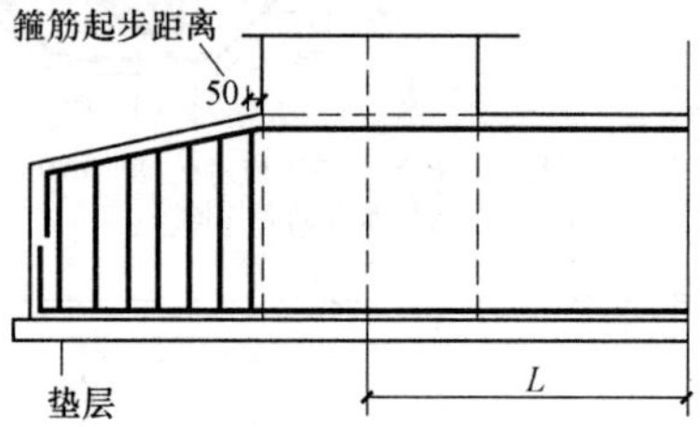	(1) 箍筋起步距离为 50mm； (2) 基础主梁变截面外伸、梁高加腋位置，箍筋高度渐变
节点区域箍筋	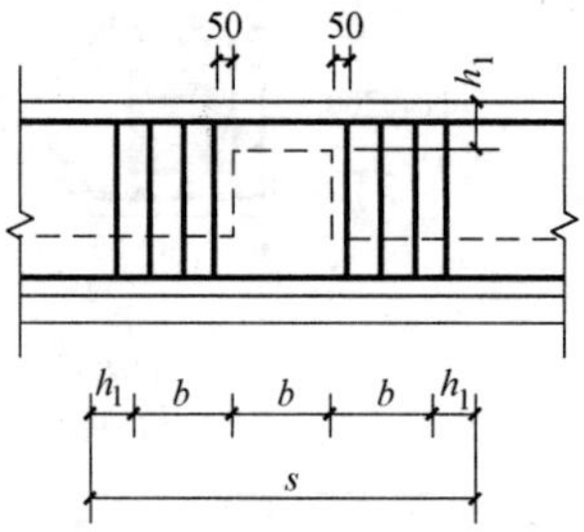	节点区内箍筋按梁端箍筋设置。梁相交叉宽度内的箍筋按截面高度较大的基础梁设置，同跨箍筋有两种时，各自设置范围按具体设计注写
纵筋受力钢筋搭接区箍筋	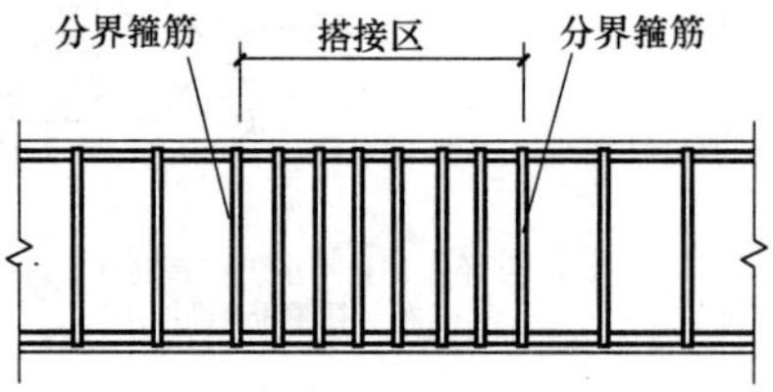	受拉搭接区域的箍筋间距：不大于搭接钢筋较小直径的 5 倍，且不大于 100mm； 受压搭接区域的箍筋间距：不大于搭接钢筋较小直径的 10 倍，且不大于 200mm

4.2.2 基础次梁 JCL 钢筋构造

1. 基础次梁底部贯通纵筋构造

（1）基础次梁底部贯通纵筋构造知识体系

基础次梁底部贯通纵筋的构造知识体系如图 4-2-6 所示。

（2）基础次梁底部贯通纵筋构造要点及识图

基础次梁底部贯通纵筋的构造要点及识图，见表 4-2-6。

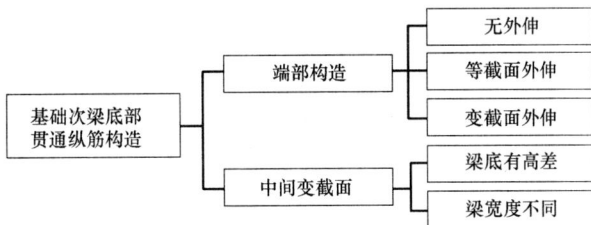

图 4-2-6 基础次梁底部贯通纵筋构造情况

基础次梁底部贯通纵筋的构造要点及识图　　表 4-2-6

类型	识　图	钢筋构造要点
无外伸		锚固 l_a
有外伸		伸至端部,弯折 $12d$
梁底有高差		锚入 l_a(注意起算位置,与基础主梁有所不同)

续表

类型	识 图	钢筋构造要点
梁宽度不同	基础主梁JL　基础次梁JCL 多出的钢筋总锚 l_a	锚入 l_a

2. 基础次梁顶部贯通纵筋构造情况

（1）基础次梁顶部贯通纵筋构造情况知识体系

基础次梁底部贯通纵筋的构造知识体系，如图 4-2-7 所示。

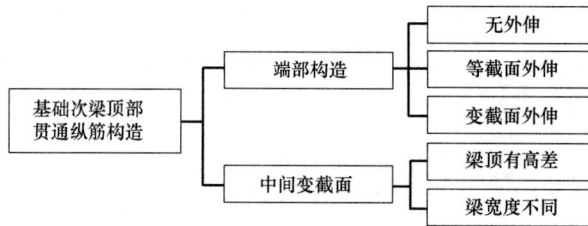

图 4-2-7　基础次梁顶部贯通纵筋构造情况

（2）基础次梁顶部贯通纵筋构造要点及识图

基础次梁顶部贯通纵筋的构造要点及识图，见表 4-2-7。

基础次梁顶部贯通纵筋的构造要点及识图　　　　　表 4-2-7

类型	识 图	钢筋构造要点
端部无外伸	≥12d且至少到梁中线	≥12d 且到梁中线
端部有外伸	基础主梁JL　基础次梁JCL　12d 基础主梁JL　基础次梁JCL　12d	伸至端部，弯折 12d

类型	识 图	钢筋构造要点
梁顶有高差	伸至尽端钢筋内侧弯折 $15d$ ≥l_a且至少到梁中线 50　50 基础主梁 垫层 $l_n/3$　$l_n/3$	≥l_a且至少到梁中线
梁宽度不同	宽出部位的顶部各排纵筋 伸至尽端钢筋内侧弯折， 当直段长度≥l_a时可不弯折 $15d$ 50　50 宽梁 $l_n/3$　$l_n/3$	宽出部位的顶部贯通纵筋至尽端钢筋内侧弯折$15d$,当直线段≥l_a时可不弯折

3. 基础次梁支座底部非贯通纵筋构造

（1）基础次梁支座底部非贯通纵筋构造知识体系

基础次梁支座底部非贯通纵筋的构造知识体系，如图 4-2-8 所示。

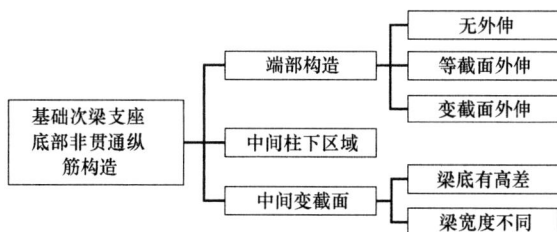

图 4-2-8　基础次梁支座底部非贯通纵筋构造知识体系

基础次梁支座底部非贯通纵筋，自支座中心线向跨内延伸长度＝$\max\,(l_n/3,\,l_n')$，l_n 和 l_n' 的取值同基础主梁支座底部非贯通纵筋，详见本小节基础主梁的相关内容。

（2）基础次梁支座底部非贯通纵筋构造要点

基础次梁支座底部非贯通纵筋构造要点，见表 4-2-8。

基础次梁支座底部非贯通纵筋构造要点　　　　　　　　　　表 4-2-8

类型	识　图	钢筋构造要点
端部无外伸		锚固 l_a；自基础主梁边缘向跨内的延伸长度 $\max(l_n/3, l_n')$；l_n 及 l_n' 取值同 JL
端部有外伸		伸到尽端截断；跨内延伸至 $\max(l_n/3, l_n')$
梁宽度不同		宽出部位的底部非贯通纵筋,总锚 l_a；贯通筋延伸长度 $l_n/3$
变截面	基础次梁 JCL 变截面(梁底有高差)时,底部非贯纵筋的构造,与基础主梁 JL 相同,详见本小节基础主梁相关内容	
中间柱下区域	基础次梁 JCL 中间柱下区域底部非贯通纵筋的构造,与基础主梁 JL 相同,详见本小节基础主梁相关内容	

4. 加腋筋构造情况

基础次梁 JCL 加腋筋构造，与基础主梁 JL 加腋筋的构造相同，只是基础次梁 JCL 没有梁侧加腋，详见本小节基础主梁的相关内容，及 G101 图集 80 页。

5. 箍筋构造情况

基础次梁箍筋构造见表 4-2-9。

基础次梁箍筋构造 表 4-2-9

箍筋位置	识 图	构造要点
起步距离内		箍筋起步距离为 50mm;基础次梁变截面外伸、梁高加腋位置,箍筋高度渐变
节点区		基础次梁节点区不设箍筋

4.2.3 梁板式筏形基础平板 LPB 钢筋构造

1. 底部贯通纵筋构造

（1）底部贯通纵筋构造知识体系

梁板式筏形基础平板 LPB 底部贯通纵筋的构造知识体系，如图 4-2-9 所示。

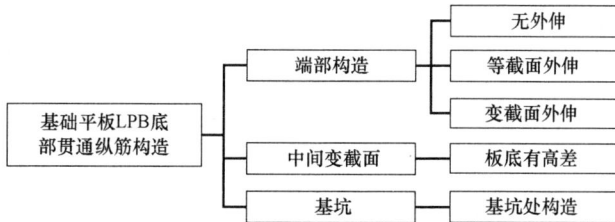

图 4-2-9 基础平板 LPB 底部贯通纵筋构造知识体系

（2）基础平板 LPB 底部贯通纵筋构造要点及识图

基础平板 LPB 底部贯通纵筋构造要点及识图，见表 4-2-10。

基础平板 LPB 底部贯通纵筋构造要点及识图 表 4-2-10

类型	识 图	构造要点
端部无外伸		长度:伸至端部弯折 $15d$;根数:起步距离＝max($s/2$,75)

类型	识　图	构造要点
端部有外伸		底部钢筋伸至端部弯折12d
		底部钢筋伸至端部弯折12d
变截面（板底有高差）		高位和低位板底筋，锚固 l_a（注意锚固的起算位置）
基坑		筏形基础平板底部钢筋，伸入基坑锚固 l_a

2. 顶部贯通纵筋

（1）顶部贯通纵筋构造知识体系

梁板式筏形基础平板 LPB 顶部贯通纵筋构造知识体系，如图 4-2-10 所示。

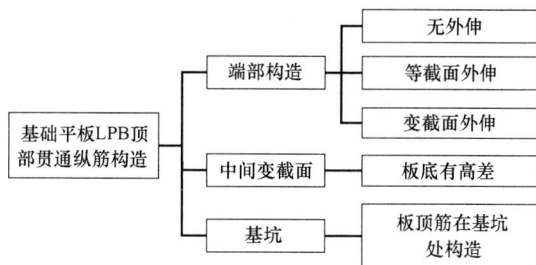

图 4-2-10 基础平板 LPB 顶部贯通纵筋构造情况

（2）顶部贯通纵筋构造要点及识图

梁板式筏形基础平板 LPB 顶部贯通纵筋构造要点及识图，见表 4-2-11。

LPB 顶部贯通纵筋构造要点及识图 表 4-2-11

类型	识图	钢筋构造要点
无外伸		长度：≥12d 且到梁中线（注意起算位置是从梁边起算）；根数：起步距离为 $\max(s/2,75)$
有外伸		外伸段顶部纵筋伸入梁内锚固≥12d 且至少到梁中心线（等截面外伸、变截面外伸均相同）

类型	识 图	钢筋构造要点
有外伸	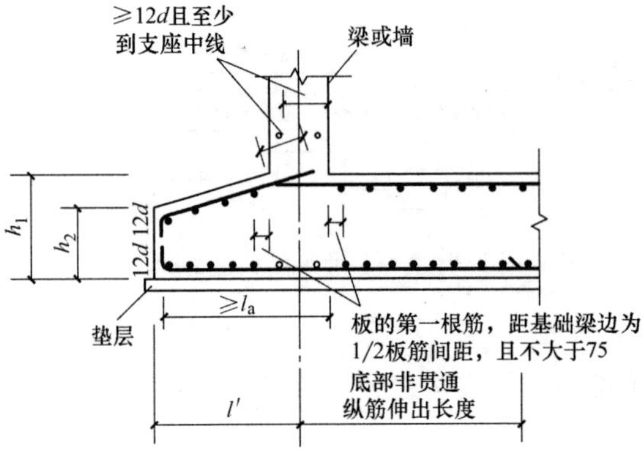	外伸段顶部纵筋伸入梁内锚固≥12d且至少到梁中心线(等截面外伸、变截面外伸均相同)
变截面(板顶有高差)	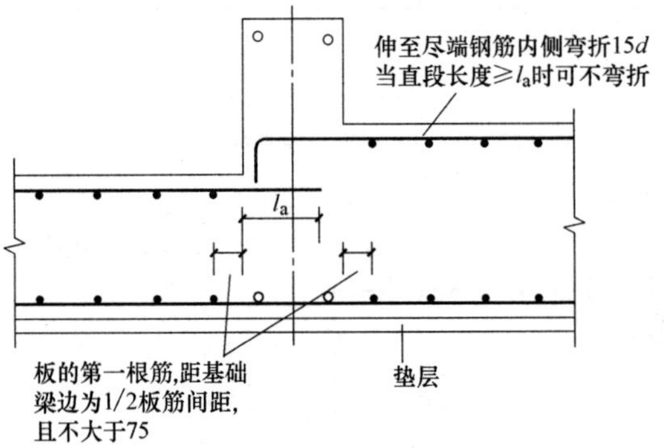	高位和低位板顶部贯通筋,均在有高差处伸入梁内锚固≥12d且至少到梁中心线
基坑	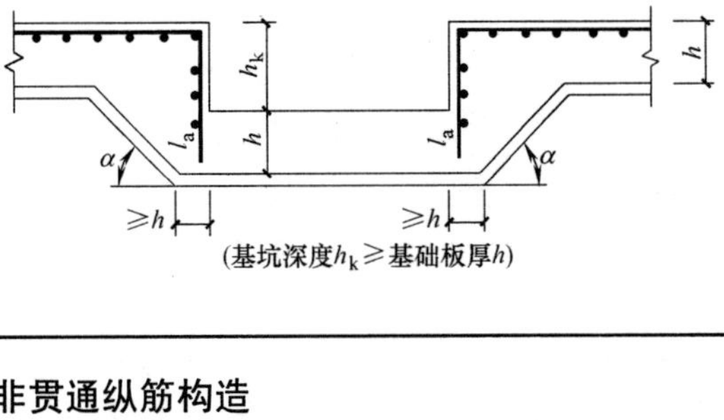	筏形基础平板顶部纵筋伸入基坑底加 l_a(注意,伸入基坑底的部位,没有另一方向的纵筋)

3. 底部非贯通纵筋构造

(1) 底部非贯通纵筋构造知识体系

梁板式筏形基础平板LPB底部非贯通纵筋的构造知识体系,如图4-2-11所示。

筏形基础平板LPB底部非贯通纵筋的钢筋构造,主要理解两个问题,一是计算长度时从基础梁中心线向跨内的延伸长度;二是计算根数时和筏形基础平板底部贯通纵筋的关系。

(2) 端部、中间梁下区域,底部非贯通纵筋构造要点及识图

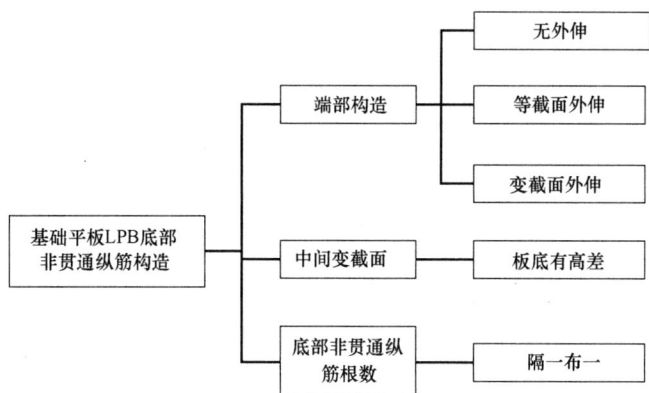

图 4-2-11 基础平板 LPB 底部非贯通纵筋构造知识体系

梁板式筏形基础平板 LPB 底部非贯通纵筋，在端部、中间梁下区域的长度构造要点及识图，见表 4-2-12。

端部及中间梁下区域底部非贯纵筋构造要点及识图 表 4-2-12

类型	识图	钢筋构造要点
端部		延伸长度是指从基础中心线向跨内延伸的长度
中间梁下区域		

（3）底部非贯通纵筋与同向底部贯通纵筋的根数

底部非贯通纵筋与同向底部贯通纵筋位于同一层面，宜采用"隔一布一"的方式布置，即基础平板（X 向或 Y 向）底部附加非贯通纵筋与贯通纵筋间隔布置，其标注间距与底部贯通纵筋相同（两者实际组合后的间距为各自标注间距的 1/2）。其位置关系如图 4-2-12 所示。

4. 中部水平构造钢筋网

当筏形基础平板 LPB 厚度大于 2m 时，除底部与顶部贯通纵筋外，一般还要配置中

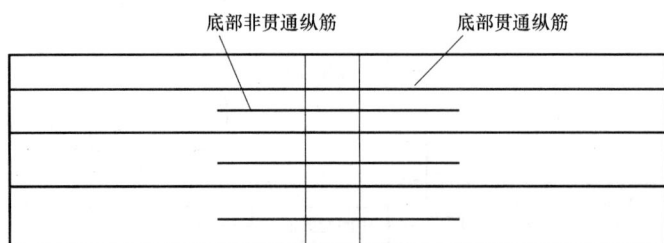

图 4-2-12 底部非贯通纵筋与同向底部贯通纵筋布置示意图

部水平构造钢筋网,平法标注方法是直接在施工图上注明中部水平构造钢筋网的直径不宜小于 12mm,间距不宜大于 300mm。

4.3 筏形基础钢筋实例计算

上一节讲解了筏形基础的平法钢筋构造,本节就这些钢筋构造情况举计算实例。

本小节所有构件的计算条件,见表 4-3-1。

钢筋计算条件 表 4-3-1

计算条件	值
混凝土强度	C30
纵筋连接方式	对焊(除特殊规定外,本书的纵筋钢筋接头只按定尺长度计算接头个数,不考虑钢筋的实际连接位置)
螺纹钢定尺长度	9000mm
h_c	柱宽
h_b	梁高

4.3.1 基础主梁 JL 钢筋计算实例

1. 基础主梁 JL01(一般情况)

(1) 平法施工图

JL01 平法施工图,见图 4-3-1。

(2) 钢筋计算

1) 计算参数

① 保护层厚度 $c=25$mm;

② $l_a=29d$;

③ 双肢箍长度计算公式:$(b-2c)\times 2+(h-2c)\times 2+(1.9d+10d)\times 2$;

④ 箍筋起步距离 $=50$mm。

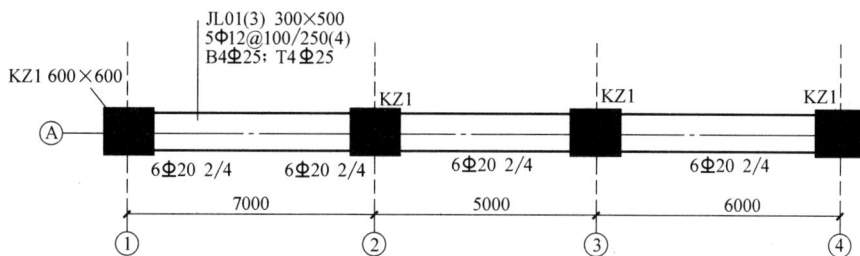

图 4-3-1 JL01 平法施工图

2）钢筋计算过程如下：

① 底部及顶部贯通纵筋计算过程相同

长度＝梁长－保护层×2

$\quad$＝7000＋5000＋6000＋600－25×2

$\quad$＝18550mm

接头个数＝18550/9000－1＝2 个

② 支座 1、4 底部非贯通纵筋 2Φ25

$\quad$长度＝自柱边缘向跨内的延伸长度＋柱宽＋梁包柱侧腋－保护层＋15d

$\quad\quad$＝l_n/3＋h_c＋50－c＋15d

$\quad\quad$＝(7000－600)/3＋600＋50－25＋15×25

$\quad\quad$＝3034mm

③ 支座 2、3 底部非贯通筋 2Φ25

$\quad\quad$长度＝2×自柱连缘向跨内的延伸长度＋柱宽＝l_n/3＋h_c

$\quad\quad\quad$＝2×[(7000－600)/3]＋600＝4867mm

④ 箍筋长度

$\quad$外大箍长度＝(300－2×25)×2＋(500－2×25)×2＋2×11.9×12＝1686mm

内小箍筋长度＝[(300－2×25－25－24)/3＋25＋24]×2＋(500－2×25)×2＋2×11.9×12

$\quad\quad$＝1302mm

⑤ 第 1、3 净跨箍筋根数

每边 5 根间距 100 的箍筋，两端共 10 根

$\quad\quad$跨中箍筋根数＝(7000－600－550×2)/200－1＝26根

$\quad\quad\quad$总根数＝10＋26＝36 根

⑥ 第 2 净跨箍筋根数

每边 5 根间距 100 的箍筋，两端共 10 根

$\quad\quad$跨中箍筋根数＝(5000－600－550×2)/200－1＝16根

$\quad\quad\quad$总根数＝10＋16＝26 根

⑦ 支座 1、2、3、4 内箍筋（节点内按跨端第一种箍筋规格布置）

$$根数＝(600-100)/100+1=6根$$

四个支座共计：$4×6=24$ 根

⑧ 整梁总箍筋根数$=36×2+26+24=122$ 根

注：计算中出现的"550"是指梁端 5 根箍筋共 500mm 宽，再加 50mm 的起步距离。

2. 基础主梁 JL02（底部与顶部贯通纵筋根数不同）

（1）平法施工图

JL02 平法施工图，见图 4-3-2。

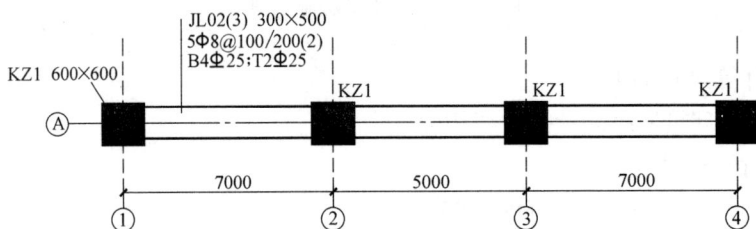

图 4-3-2　JL02 平法施工图

（2）钢筋计算

本例只计算底部多出的 2 根贯通纵筋。

1）计算参数

保护层厚度 $c=25$mm。

2）钢筋计算过程

底部多出的贯通纵筋 2Φ25：

$$长度＝梁总长-2c+2×15d=7000×2+5000-2×25+2×15×25=19700mm$$

$$焊接接头个数＝19700/9000-1=2个$$

注：本书只计算接头个数，不考虑实际连接位置，小数值均向上进位。

3. 基础主梁 JL03（有外伸）

（1）平法施工图

JL03 平法施工图，见图 4-3-3。

（2）钢筋计算

1）计算参数

① 保护层厚度 $c=25$mm；

② $l_a=29d$；

③ 双肢箍长度计算公式：$(b-2c)×2+(h-2c)×2+(1.9d+10d)×2$；

④ 箍筋起步距离$=50$mm。

2）钢筋计算过程

① 底部和顶部第一排贯通纵筋 4Φ25

长度$=$梁长$-2×$保护层$+12d+15d$

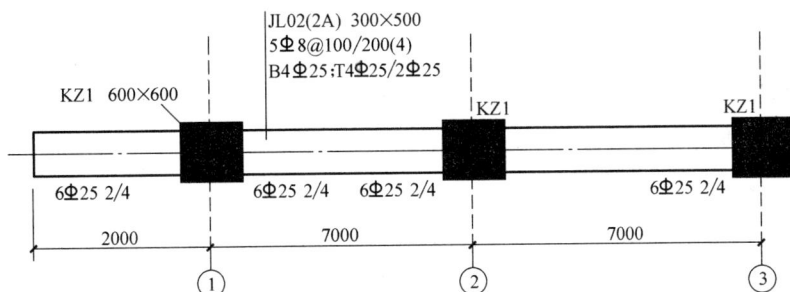

图 4-3-3 JL03 平法施工图

$$=7000×2+300+2000−50+12×25+15×25=16325mm$$

接头个数＝16325/9000−1＝1个

② 支座 1 底部非贯通纵筋 2Φ25

自柱边缘向跨内的延伸长度＝净跨长/3＝(7000−600)/3＝2467mm

外伸段长度＝左跨净跨长−保护层＝2000−300−25＝1675mm

总长度＝自柱边缘向跨内的延伸长度＋外伸段长度＋柱宽

$$=2467+1675+600=4742mm$$

③ 支座 2 底部非贯通筋 2Φ25

长度＝柱宽＋2×自柱边缘向跨内的延伸长度＝600+2×[(7000−600)/3]＝5534mm

④ 支座 3 底部非贯通筋 2Φ25

自柱边缘向跨内的延伸长度＝净跨长/3＝(7000−600)/3＝2467mm

总长＝自柱边缘向跨内的延伸长度＋(柱宽−c)＋15d

$$=2467+600−25+15×25=3417mm$$

⑤ 箍筋

见 JL01 计算实例

4. 基础主梁 JL04（变截面高差）

（1）平法施工图

JL04 平法施工图，见图 4-3-4。

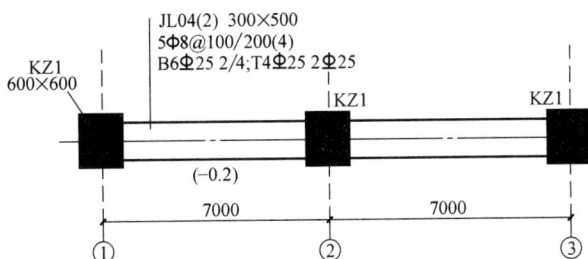

图 4-3-4 JL04 平法施工图

（2）钢筋计算（本例中不计算加腋筋）

1）计算参数

① 保护层厚度 $c=25mm$；

② $l_a=29d$；

③ 双肢箍长度计算公式：$(b-2c)\times2+(h-2c)\times2+(1.9d+10d)\times2$；

④ 箍筋起步距离 $=50mm$。

2）钢筋计算过程

① 1 号筋（第 1 跨底部及顶部第一排贯通纵筋）4Φ25

计算简图：

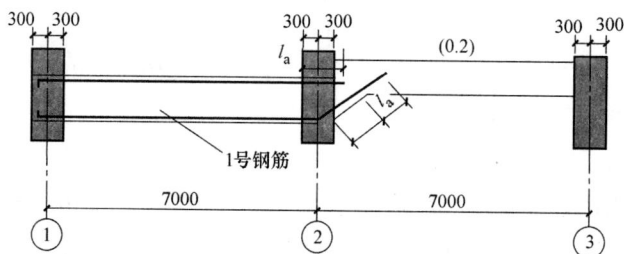

计算过程：

顶部 $=7000-300+l_a+300-c=7000-300+29\times25+300-25=7700mm$

底部 $=7000+2\times300-2c+\sqrt{200^2+200^2}+l_a$

$\qquad =7000+2\times300-2\times25+\sqrt{200^2+200^2}+29\times25=8558mm$

② 2 号筋 2Φ25（第 1 跨底部及顶部第二排贯通纵筋）

计算简图：

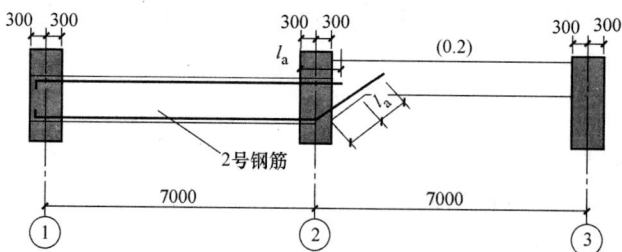

计算过程与 1 号钢筋相同。

③ 3 号筋 4Φ25（第 2 跨底部及顶部第一排贯通纵筋）

计算简图：

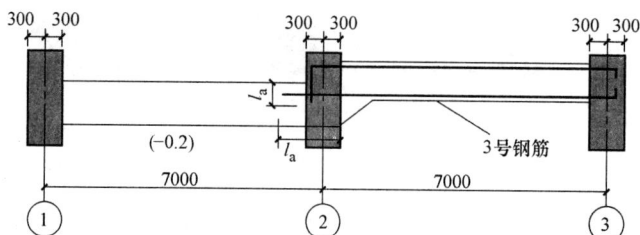

顶部＝$7000+600-2\times c+200+l_a+15d=7000+600-50+200+29\times25+15\times25$

$\quad=8850$mm

底部＝$7000-c+l_a+15d=7000-25+29\times25+15\times25=7700$mm

④ 4 号筋 2Φ25（第 2 跨底部及顶部第二排贯通纵筋）

计算简图：

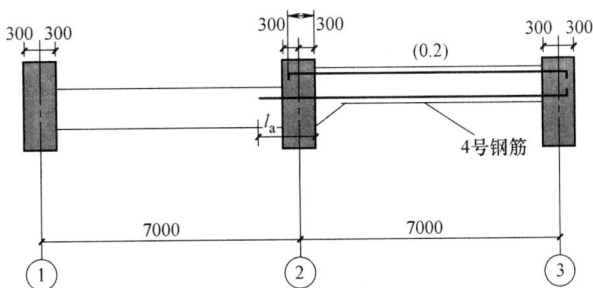

顶部＝$7000+600-2\times c+2\times15d=7000+600-2\times25+2\times15\times25=8300$mm

底部＝$7000-c+l_a+15d=7000-25+29\times25+15\times25=8075$mm

5. 基础主梁 JL05（变截面，梁宽度不同）

（1）平法施工图

JL05 平法施工图，见图 4-3-5。

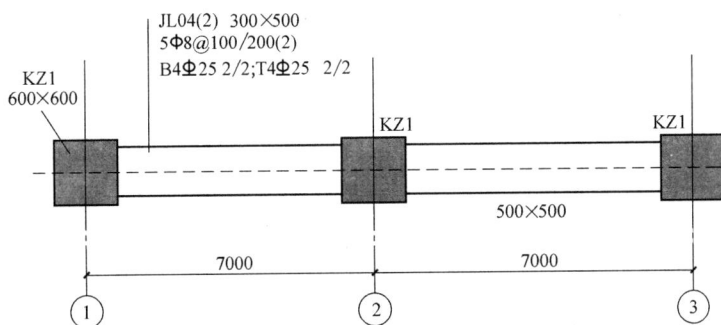

图 4-3-5 JL05 平法施工图

（2）钢筋计算（本例只计算第 2 跨宽出部位的底部及顶部纵向钢筋）

1）计算参数

① 保护层厚度 $c=25$mm；

② $l_a=29d$；

③ 双肢箍长度计算公式：$(b-2c)\times2+(h-2c)\times2+(1.9d+10d)\times2$；

④ 箍筋起步距离＝50mm。

2）钢筋计算过程

① 1号钢筋（宽出部位底部及顶部第一排纵向钢筋）

示意简图：

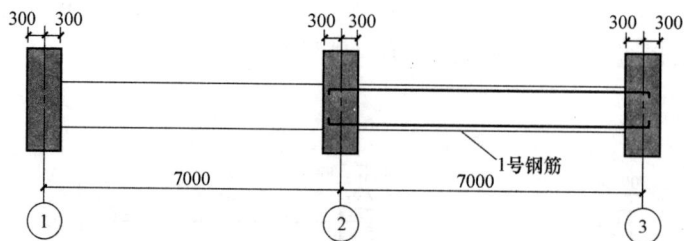

计算过程：

顶部 $=7000+600-2\times c+2\times 15d=7000+600-50+2\times 15\times 25=8300$mm

底部 $=7000+600-2\times c+2\times 15d=7000+600-50+2\times 15\times 25=8300$mm

② 2号钢筋

$$上段=7000-c+\max(h_c,l_a)=7000-30+30\times 25=7720mm$$

$$侧段=500-60=440mm$$

$$下段=7000-c+\max(h_c,l_a)=7000-30+30\times 25=7720mm$$

$$总长=7720+440+7720=15880mm$$

$$接头个数=1个$$

4.3.2 基础次梁 JCL 钢筋计算实例

1. 基础次梁 JCL01（一般情况）

（1）平法施工图

JCL01 平法施工图，见图 4-3-6。

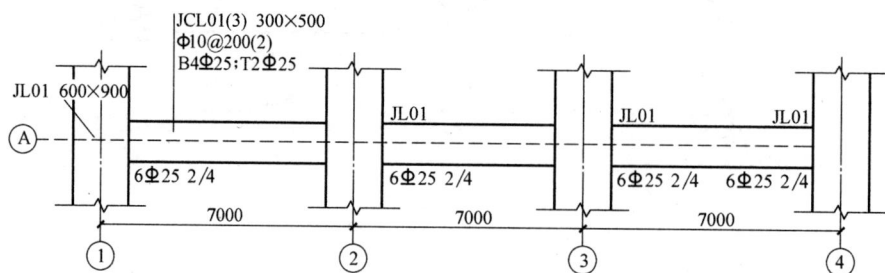

图 4-3-6 JCL01 平法施工图

（2）钢筋计算

1）计算参数

① 保护层厚度 $c=25$mm；

② $l_a=29d$；

③ 双肢箍长度计算公式：$(b-2c)\times 2+(h-2c)\times 2+(1.9d+10d)\times 2$；

④ 箍筋起步距离＝50mm。

2）钢筋计算过程

① 顶部贯通纵筋 2Φ25

$$锚固长度＝max(0.5h_c，12d)＝max(300，12×25)＝300mm$$

$$长度＝净长＋两端锚固＝7000×3－600＋2×300＝21000mm$$

$$接头个数＝21000/9000－1＝2 个$$

② 底部贯通纵筋 4Φ25

$$长度＝净长＋两端锚固＝7000×3－600＋29×25＋0.35×29×25＝21379mm$$

$$接头个数＝21379/9000－1＝2 个$$

③ 支座 1、4 底部非贯通筋 2Φ25

$$支座外延伸长度＝(7000－600)/3＝2134$$

$$长度＝b_b－c＋支座外延伸长度＝600－25＋2134＝2709mm（b_b 为支座宽度）$$

④ 支座 2、3 底部非贯通筋 2Φ25

$$计算公式＝2×延伸长度＋b_b$$

$$＝2×[(7000－600)/3]＋600＝4867mm$$

⑤ 箍筋长度

$$长度＝2×[(300－60)＋(500－60)]＋2×11.9×10＝1598mm$$

⑥ 箍筋根数

$$三跨总根数＝3×[(6400－100)/200＋1]＝98根$$

基础次梁箍筋只布置在净跨内，支座内不布置箍筋，参考《11G101-3》第 77 页。

2. 基础次梁 JCL02（变截面有高差）

（1）平法施工图

JCL02 平法施工图，见图 4-3-7。

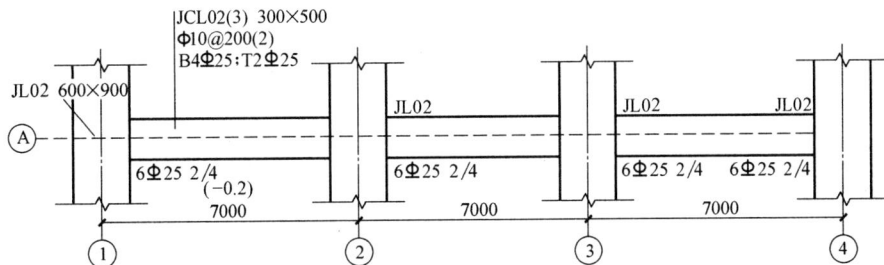

图 4-3-7 JCL02 平法施工图

（2）钢筋计算

1）第 1 跨顶部贯通筋 2Φ25

$$锚固长度＝max(0.5h_c，12d)＝max(300，12×25)＝300mm$$

$$长度净长＋两端锚固＝6400＋2×300＝7000mm$$

2）第 2 跨顶部贯通筋 2Φ20

$$锚固长度 = \max(0.5h_c, 12d) = \max(300, 12 \times 25) = 300mm$$

$$长度 = 净长 + 两端锚固 = 6400 + 2 \times 300 = 7000mm$$

3）下部钢筋

同基础主梁 JL 梁顶梁底有高差的情况。

4.3.3 梁板式筏基平板 LPB 钢筋计算实例（一般情况）

1. 平法施工图

LPB01 平法施工图，见图 4-3-8。

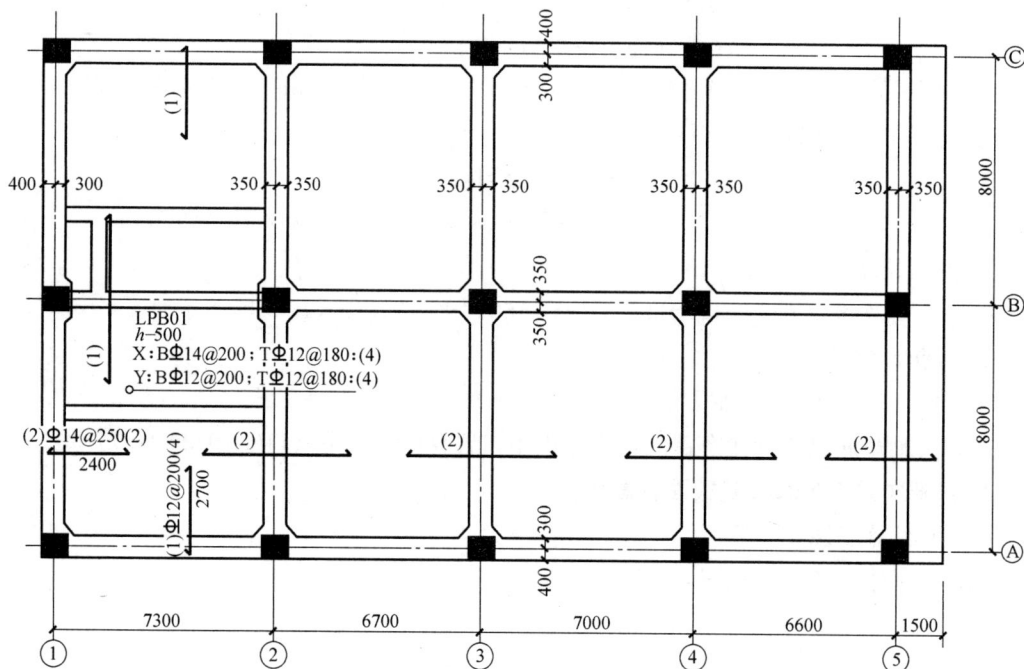

图 4-3-8 LPB01 平法施工图

注：外伸端采用 U 形封边构造，U 形钢筋为 Φ20@300，封边处侧部构造筋为 2Φ8。

2. 钢筋计算

（1）计算参数

① 保护层厚度 $c = 40mm$；

② 双肢箍长度计算公式：$(b-2c) \times 2 + (h-2c) \times 2 + (1.9d+10d) \times 2$；

③ 纵筋起步距离 $= s/2$。

（2）钢筋计算过程

① X 向板底贯通纵筋 Φ14@200

计算依据：

左端无外伸，底部贯通纵筋伸至端部弯折 $15d$；右端外伸，采用 U 形封边方式，底部贯通纵筋伸至端部弯折 $12d$

$$长度＝7300＋6700＋7000＋6600＋1500＋400－2\times40＋15d＋12d$$
$$＝7300＋6700＋7000＋6600＋1500＋400－2\times40＋15\times14＋12\times14$$
$$＝29798mm$$

$$接头个数＝29798/9000－1＝3 个$$
$$根数＝(8000\times2＋800－100\times2)/200＋1＝84根$$

注：取配置较大方向的底部贯通纵筋，即 X 向贯通筋满铺，计算根数时不扣基础梁所占宽度。

② Y 向板顶贯通纵筋Φ12@200

计算依据：

两端无外伸，底部贯通纵筋伸至端部弯折 $15d$

$$长度＝8000\times2＋2\times400－2\times40＋2\times15d$$
$$＝8000\times2＋2\times400－2\times40＋2\times15\times12＝17080mm$$

$$接头个数＝17080/9000－1＝1 个$$
$$根数＝(7300＋6700＋7000＋6600＋1500－2750)/200＋1＝133根$$

③ X 向板顶贯通纵筋Φ12@180

计算依据：

左端无外伸，顶部贯通纵筋锚入梁内 max（$12d$，0.5 梁宽）；右端外伸，采用 U 形封边方式，底部贯通纵筋伸至端部弯折 $12d$

$$长度＝7300＋6700＋7000＋6600＋1500＋400－2\times40＋max(12d,350)＋12d$$
$$＝7300＋6700＋7000＋6600＋1500＋400－2\times40＋max(12\times12,350)＋12\times12$$
$$＝29914mm$$

$$接头个数＝29914/9000－1＝3 个$$
$$根数＝(8000\times2－600－700)/180＋1＝83根$$

④ Y 向板顶贯通纵筋Φ12@180

计算依据：

长度与 Y 向板底部贯通纵筋相同；两端无外伸，底部贯通纵筋伸至端部弯折 $15d$。

$$长度＝8000\times2＋2\times400－2\times40＋2\times15d$$
$$＝8000\times2＋2\times400－2\times40＋2\times15\times12＝17080mm$$

$$接头个数＝17080/9000－1＝1 个$$
$$根数＝(7300＋6700＋7000＋6600＋1500－2750)/180＋1＝148根$$

⑤（2）号板底部非贯通纵筋Φ14@200（①轴）

计算依据：

左端无外伸，底部贯通纵筋伸至端部弯折 $15d$

$$长度＝2400＋400－40＋15d＝2400＋400－40＋15\times14＝2970mm$$
$$根数＝(8000\times2＋800－100\times2)/200＋1＝84根$$

⑥（2）号板底部非贯通纵筋$\Phi14@200$（②、③、④轴）

$$长度=2400\times2=4800mm$$
$$根数=(8000\times2+800-100\times2)/200+1=84根$$

⑦（2）号板底部非贯通纵筋$\Phi12@200$（⑤轴）

计算依据：

右端外伸，采用 U 形封边方式，底部贯通纵筋伸至端部弯折 $12d$。

$$长度=2400+1500-40+12d=2400+1500-40+12\times12=4004mm$$
$$根数=(8000\times2+800-100\times2)/200+1=84根$$

⑧（1）号板底部非贯通纵筋$\Phi12@200$（Ⓐ、Ⓑ轴）

$$长度=2700+400-40+15d=2700+400-40+15\times12=3240mm$$
$$根数=(7300+6700+7000+6600+1500-2750)/200+1=133根$$

⑨（1）号板底部非贯通纵筋$\Phi12@200$（Ⓑ轴）

$$长度=2700\times2=5400mm$$
$$根数=(7300+6700+7000+6600+1500-2750)/200+1=133根$$

⑩ U 形封边筋$\Phi20@300$

$$长度=板厚-上下保护层+2\times15d=500-40\times2+2\times15\times20=1020mm$$
$$根数=(8000\times2+800-2\times40)/300+1=57根$$

⑪ U 形封边侧部构造筋 $4\Phi8$

$$长度=8000\times2+400\times2-2\times40=16720mm$$
$$构造搭接个数=16720/9000-1=1个$$
$$构造搭接长度=150mm$$

习　题

1. 请将下表填写完整。

构件名称	基础主梁(柱下)		梁板筏基础平板		跨中板带	
构件代号		JCL		ZXB		BPB

2. JL7（5B）的含义是什么？

3. 基础主梁与次梁交接处基础主梁箍筋贯通，次梁箍筋距主梁边 _____ 开始布置。

5 柱 构 件

5.1 柱构件平法识图

5.1.1 《16G101》柱构件平法识图学习方法

1. 柱构件的分类
柱构件的分类，如图 5-1-1。

2. 柱构件平法识图知识体系
柱构件的平法识图知识体系，如图 5-1-2 所示。

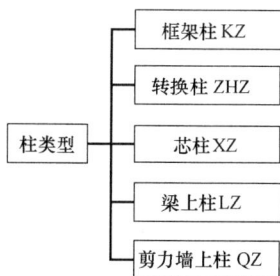

图 5-1-1 柱构件分类

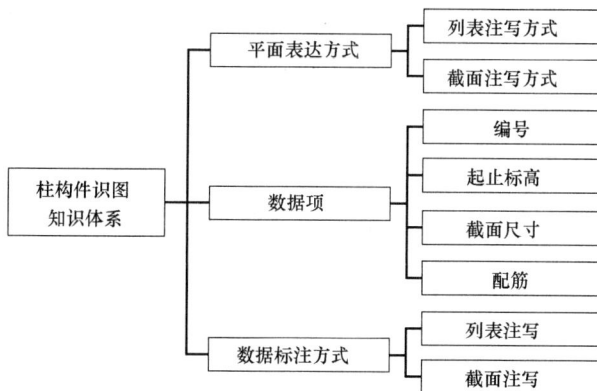

图 5-1-2 柱构件平法识图知识体系

5.1.2 柱构件平法识图

1. 柱构件的平法表达方式
柱构件的平法表达方式分"列表注写方式"和"截面注写方式"两种，在实际工程应用中，这两种表达方式所占比例相近，故本书这两种表达方式均进行讲解。

（1）柱构件列表注写方式

柱构件列表注写方式，系在柱平面布置图上（一般只需采用适当比例绘制一张柱平面布置图，包括框架柱、框支柱、梁上柱和剪力墙上柱），分别在同一编号的柱中选择一个（有时需要选择几个）标注几何参数代号；在柱表中注写柱编号、柱段起止标高、几何尺寸（含柱截面对轴线的偏心情况）与配筋的具体数值，并配以各种柱截面形状及其箍筋类型图的方式，来表达柱平法施工图。

柱列表注写方式与识图，见图 5-1-3。

如图 5-1-3，阅读列表注写方式表达的柱构件，要从 4 个方面结合和对应起来阅读，见表 5-1-1。

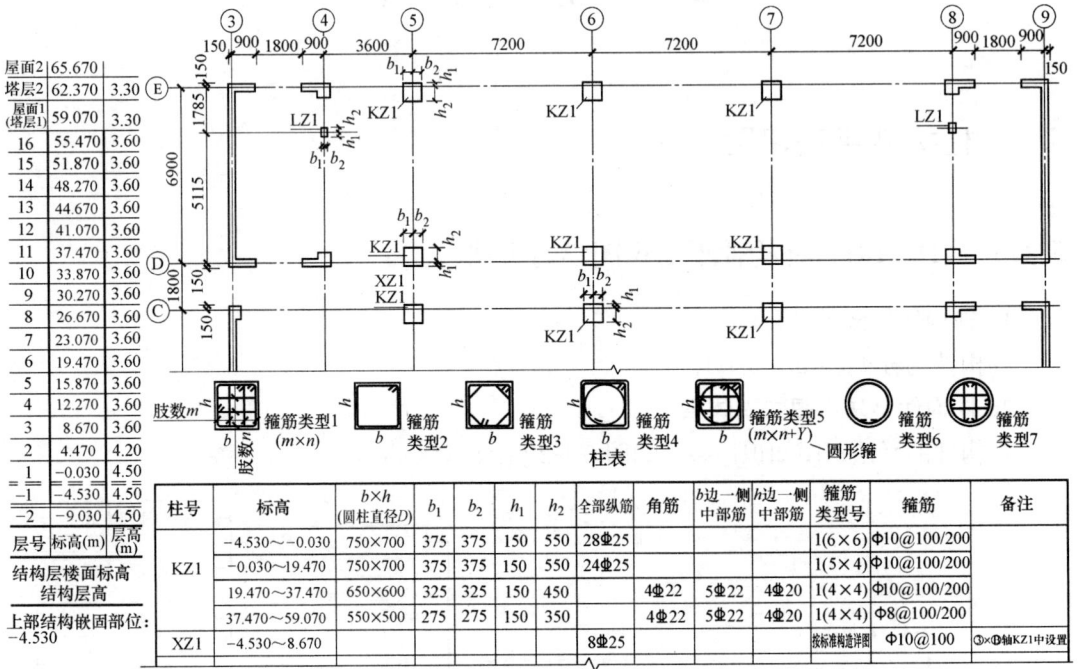

图 5-1-3 柱构件列表注写方式示例

柱列表注写方式与识图　　　　　　　　　　　　　　　　　　　　表 5-1-1

内　容	说　明
柱平面图	柱平面图上注明了本图适用的标高范围，根据这个标高范围，结合"层高与标高表"，判断柱构件在标高上位于的楼层
箍筋类型图	箍筋类型图主要用于说明工程中要用到的各种箍筋组合方式，具体每个柱构件采用哪种，需要在柱列表中注明
层高与标高表	层高与标高表用于和柱平面图、柱表对照使用
柱表	柱表用于表达柱构件的各个数据，包括截面尺寸、标高、配筋等等

（2）柱截面注写方式及识图方法

柱构件截面注写方式，是在柱平面布置图的柱截面上，分别从同一编号的柱中选择一个截面，以直接注写截面尺寸和配筋具体数值的方式来表达柱平法施工图。

柱截面注写方式表示方法与识图，见图 5-1-4。

如图 5-1-4 所示，柱截面注写方式的识图，应从柱平面图和层高标高表两个方面对照阅读。

（3）柱列表注写方式与截面注写方式的区别

柱列表注写方式与截面注写方式存在一定的区别，见图 5-1-5，可以看出，截面注写

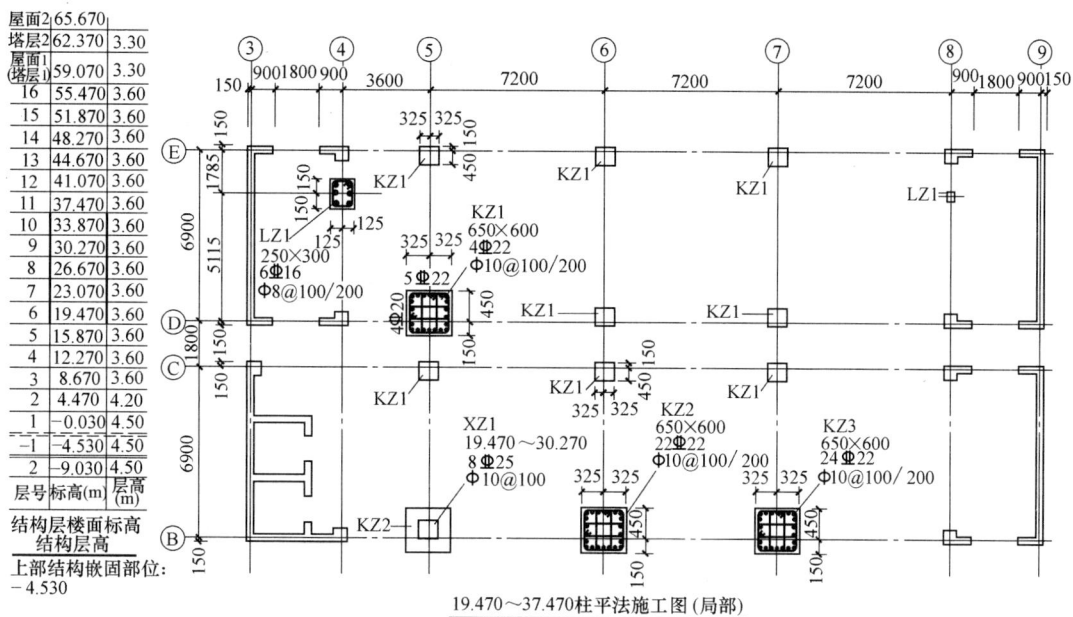

图 5-1-4　柱截面注写方式

方式不仅是单独注写箍筋类型图及柱列表，而是用直接在柱平面图上的截面注写，就包括列表注写中箍筋类型图及柱列表的内容。

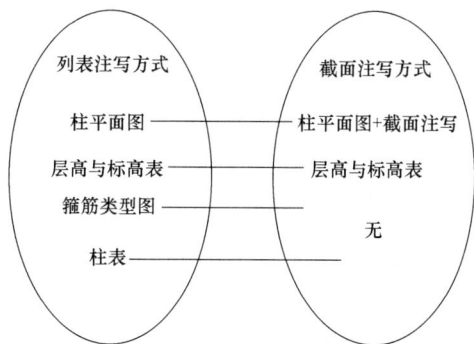

图 5-1-5　柱列表注写方式与截面注写方式的区别

2. 柱列表注写方式识图要点

（1）截面尺寸

矩形截面尺寸用 $b \times h$ 表示，$b = b_1 + b_2$，$h = h_1 + h_2$，圆形柱截面尺寸由"d"打头注写圆形柱直径，并且仍然用 b_1，b_2，h_1，h_2 表示圆形柱与轴线的位置关系，并使 $d = b_1 + b_2 = h_1 + h_2$，见图 5-1-6。

（2）芯柱

根据结构需要，可以在某些框架柱的一定高度范围内，在其内部的中心位置设置（分

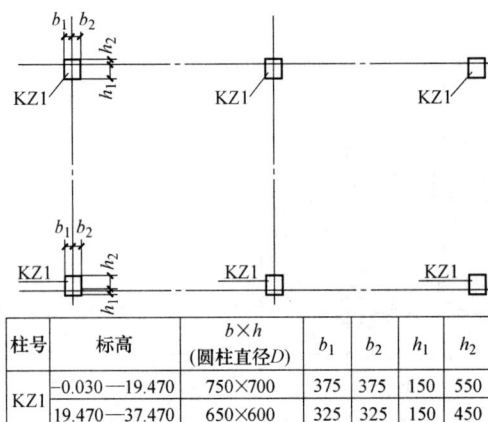

图 5-1-6 柱列表注写方式识图要点

柱号	标高	b×h (圆柱直径D)	b₁	b₂	h₁	h₂
KZ1	-0.030—19.470	750×700	375	375	150	550
	19.470—37.470	650×600	325	325	150	450

别引注其柱编号）。芯柱中心应与柱中心重合，并标注其截面尺寸。芯柱定位随框架柱，不需要注写其与轴线的几何关系。

见图 5-1-7。

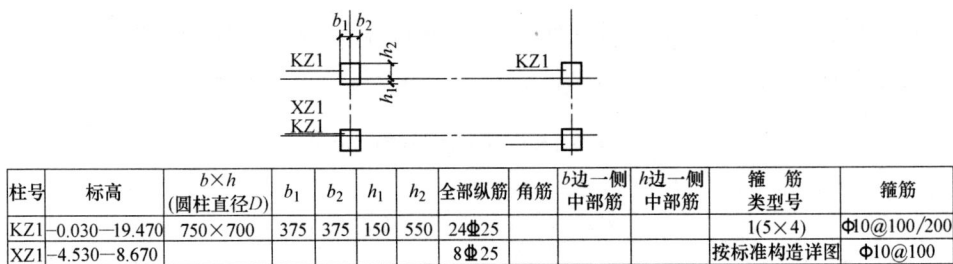

柱号	标高	b×h (圆柱直径D)	b₁	b₂	h₁	h₂	全部纵筋	角筋	b边一侧 中部筋	h边一侧 中部筋	箍 筋 类型号	箍筋
KZ1	-0.030—19.470	750×700	375	375	150	550	24Φ25				1(5×4)	Φ10@100/200
XZ1	-4.530—8.670						8Φ25				按标准构造详图	Φ10@100

图 5-1-7 芯柱识图

1）芯柱截面尺寸、与轴线的位置关系：

芯柱截面尺寸不用标注，芯的截面尺寸不小于柱相应边截面尺寸的 1/3，且不小于 250mm。

芯柱与轴线的位置与柱对应，不进行标注。

2）芯柱配筋，由设计者确定。

（3）纵筋

当柱纵筋直径相同，各边根数也相同时（包括矩形柱、圆柱和芯柱），将纵筋写在"全部纵筋"一栏中；除此之外，柱纵筋分角筋、截面 b 边中部筋和 h 边中部筋三项分别注写（对于采用对称配筋的矩形截面柱，可仅注写一侧中部筋，对称边省略不注；对于采用非对称配筋的矩形截面柱，必须每侧均注写中部筋）。

（4）箍筋

注写柱箍筋，包括钢筋类别、直径与间距。箍筋间距区分加密与非加密时，用"/"

隔开。当框架节点核心区内箍筋与柱端箍筋设置不同时,应在括号内注明核心区箍筋直径及间距。当箍筋沿柱全高为一种间距时,则不使用"/"。

当圆采用螺旋箍筋时,需在箍筋前加"L"。

【例】 Φ10@100/250,表示箍筋为HPB300,钢筋直径为Φ10,加密区间距为100,非加密区间距为250。

Φ10@100/250(Φ12@100),表示柱中箍筋为HPB300级钢筋,直径为10,加密区间距为100,非加密区间距为250。框架节点核芯区箍筋为HPB300级钢筋,直径为12,间距为100。

【例】 Φ10@100,表示沿柱全高范围内箍筋均为HPB300级钢筋,直径为10,间距为100。

【例】 LΦ10@100/200,表示采用螺旋箍筋,HPB300级钢筋,直径为10,加密区间距为100,非加密区间距为200。

3. 柱截面注写方式识图要点

(1)芯柱

截面注写方式中,若某柱带有芯柱,则直接在截面注写中,注写芯柱编号及起止标高见图5-1-8,芯柱的构造尺寸如图5-1-9所示。

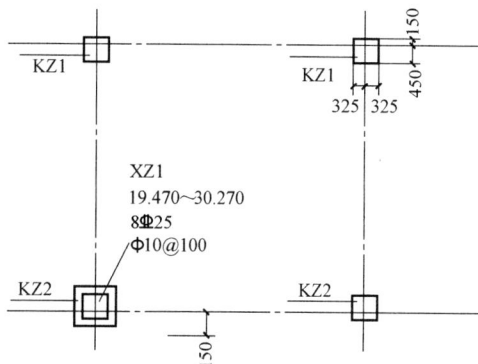

图5-1-8 截面注写方式的芯柱表达

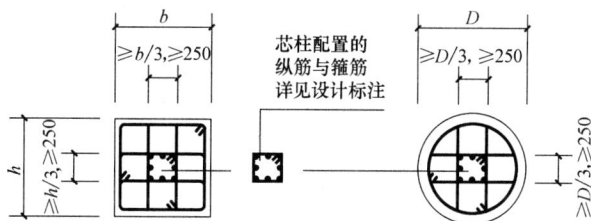

图5-1-9 芯柱构造

(2)配筋信息

配筋信息的识图要点,见表5-1-2。

配筋信息识图要点 表5-1-2

表 示 方 法	识 图
	如果纵筋直径相同,可以注写纵筋总数

表 示 方 法	识 图
KZ1 650×600 4Φ22 Φ10@100/200 325 325 5Φ22 4Φ20 450 150	如果纵筋直径不同,先引出注写角筋,然后各边再注写其纵筋,如果是对称配筋,则在对称的两边中,只注写其中一边即可
KZ1 600×600 Φ8@100/200 4Φ25 2Φ25 2Φ25 2Φ20 300 300 2Φ20	如果是非对称配筋,则每边注写实际的纵筋

其他识图要点与列表注写方式相同,此处不再重复。

5.2 框架柱构件钢筋构造

本节主要介绍柱构件(主要为框架柱 KZ)的钢筋构造,即柱构件的各种钢筋在实际工程中可能出现的各种构造情况。框架柱构件的钢筋构造,按构件组成、钢筋组成,可将框架柱构件的钢筋知识体系总结为图 5-2-1 所示的内容。

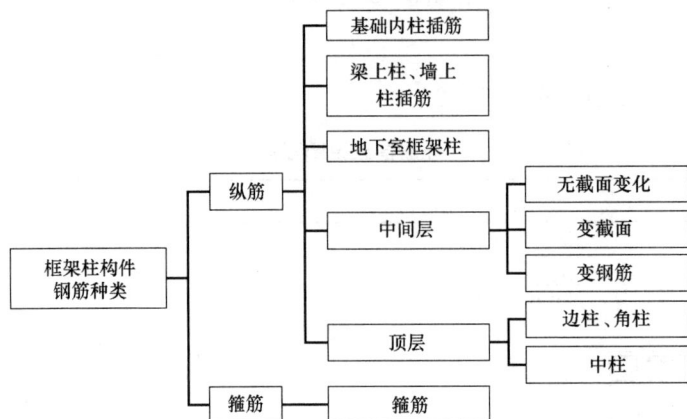

图 5-2-1　框架柱构件钢筋种类

5.2.1 基础内柱插筋构造

基础内柱插筋可分为四种情况，如表 5-2-1。

基础内柱插筋 表 5-2-1

构 造	识 图	构造要点
构造（一）	间距≤500,且不少于两道矩形封闭箍筋(非复合箍) 伸至基础板底部，支承在底板钢筋网片上 50 100 基础顶面 h_j 基础底面 ≥l_{aE} $6d$且≥150	保护层厚度>5d；基础高度满足直锚
构造（二）	① 间距≤500,且不小于两道矩形封闭箍筋(非复合箍) 伸至基础板底部支承在底板钢筋网上 50 基础顶面 100 h_j 基础底面 ≥0.6l_{aE} ≥20d 基础顶面 基础底面 15d ①	保护层厚度>5d；基础高度不满足直锚
构造（三）	伸至基础板底部，支承在底板钢筋网片上 50 100 基础顶面 锚固区横向箍筋(非复合箍) ≥l_{aE} h_j 基础底面 $6d$且≥150	保护层厚度≤5d；基础高度满足直锚

续表

构　　造	识　　图	构造要点
构造（四）		保护层厚度≤5d；基础高度不满足直锚

注：1. 图中 h_j 为基础底面至基础顶面的高度，柱下为基础梁时，h_j 为梁底面至顶面的高度。当柱两侧基础梁标高不同时取较低标高。

2. 锚固区横向箍筋应满足直径≥$d/4$（d 为纵筋最大直径），间距≤5d（d 为纵筋最小直径）且≤100mm 的要求。

3. 当柱纵筋在基础中保护层厚度不一致（如纵筋部分位于梁中，部分位于板内），保护层厚度不大于 5d 的部分应设置锚固区横向钢筋。

4. 当符合下列条件之一时，可仅将柱四角纵筋伸至底板钢筋网片上或者筏形基础中间层钢筋网片上（伸至钢筋网片上的柱纵筋间距不应大于 1000mm），其余纵筋锚固在基础顶面下 l_{aE} 即可。

　1）柱为轴心受压或小偏心受压，基础高度或基础顶面至中间层钢筋网片顶面距离不小于 1200mm。

　2）柱为大偏心受压，基础高度或基础顶面至中间层钢筋网片顶面距离不小于 1400mm。

5. 图中 d 为柱纵筋直径。

5.2.2 地下室框架柱钢筋构造

1. 认识地下室框架柱

（1）认识地下室框架柱

地下室框架柱是指地下室内的框架柱，它和楼层中的框架柱在钢筋构造上有所不同，示意图见图 5-2-2。

（2）基础结构和上部结构的划分位置

"基础顶嵌固部位"就是指基础结构和上部结构的划分位置，见图 5-2-3。

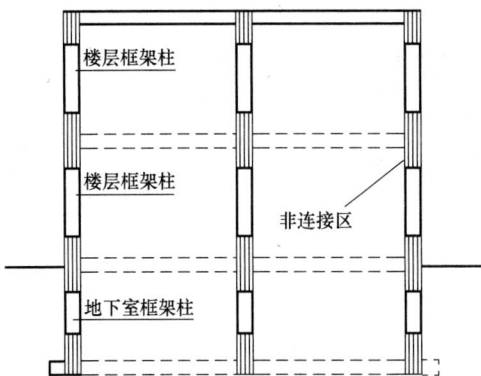

图 5-2-2　地下室框架柱示意图

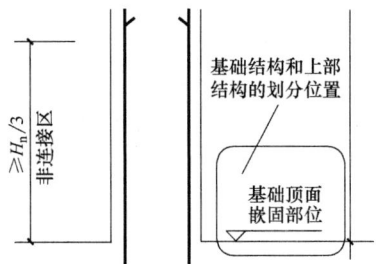

图 5-2-3　基础结构和上部结构的划分位置

有地下室时，基础结构和上部结构的划分位置，由设计注明。

2. 地下室框架柱钢筋构造

（1）上部结构嵌固部位位于基础顶面以上

地下室框架柱（上部结构嵌固部位位于基础顶面以上）钢筋构造，见表5-2-2。

地下室框架柱（上部结构嵌固部位位于基础顶面以上）钢筋构造　　表 5-2-2

绑 扎 搭 接	机 械 连 接	焊 接 连 接

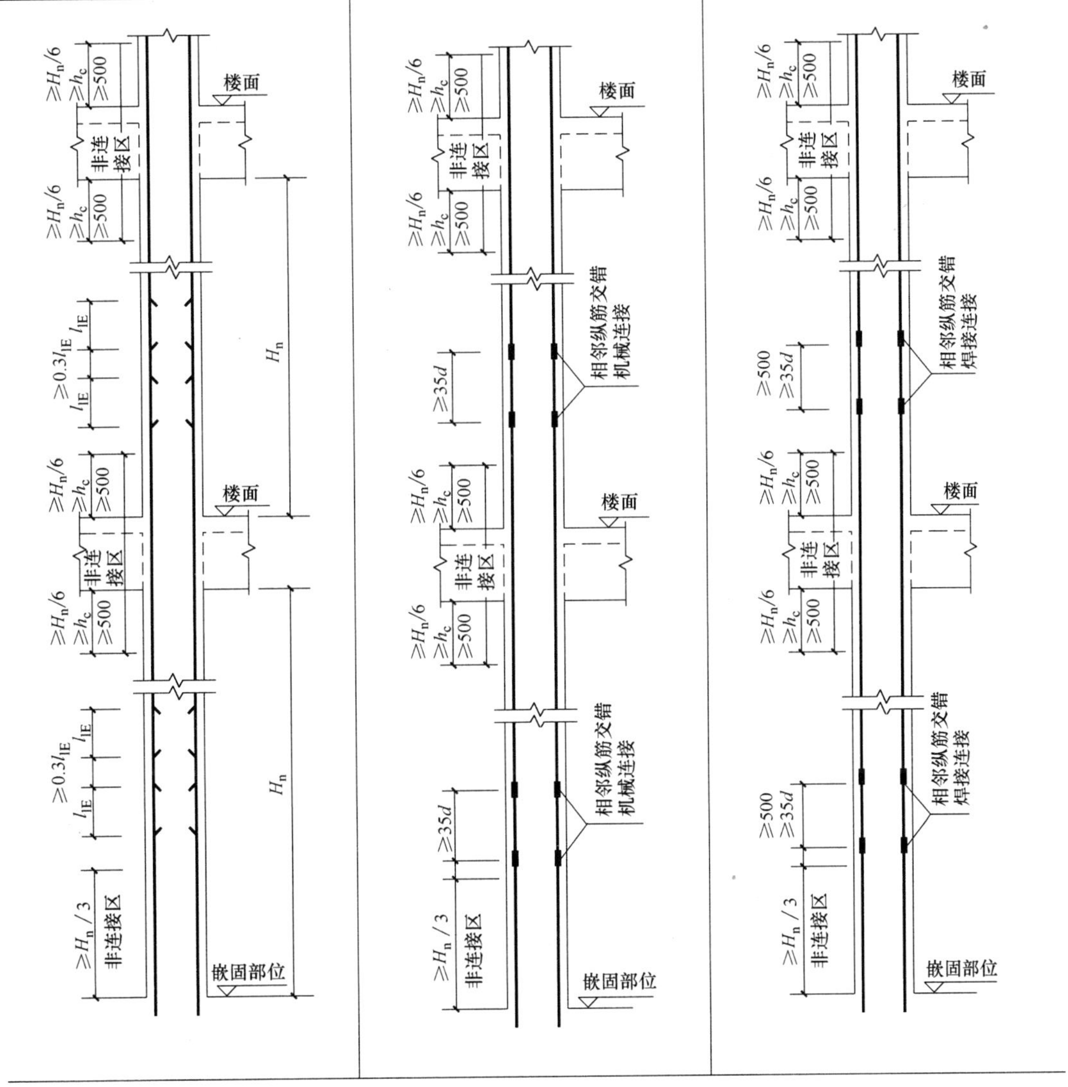

（1）上部结构的嵌固位置，即基础结构和上部结构的划分位置，在地下室顶面；

（2）上部结构嵌固位置，柱纵筋非连接区高度为 $H_n/3$；

（3）地下室各层纵筋非连接区高度为 $\max(h_n/6, h_c, 500)$；

（4）地下室顶面非连接区高度为 $H_n/3$

（2）上部结构嵌固部位在地下一层或基础顶面

地下室框架柱（上部结构嵌固部位在地下一层或基础顶面）钢筋构造，见表 5-2-3。

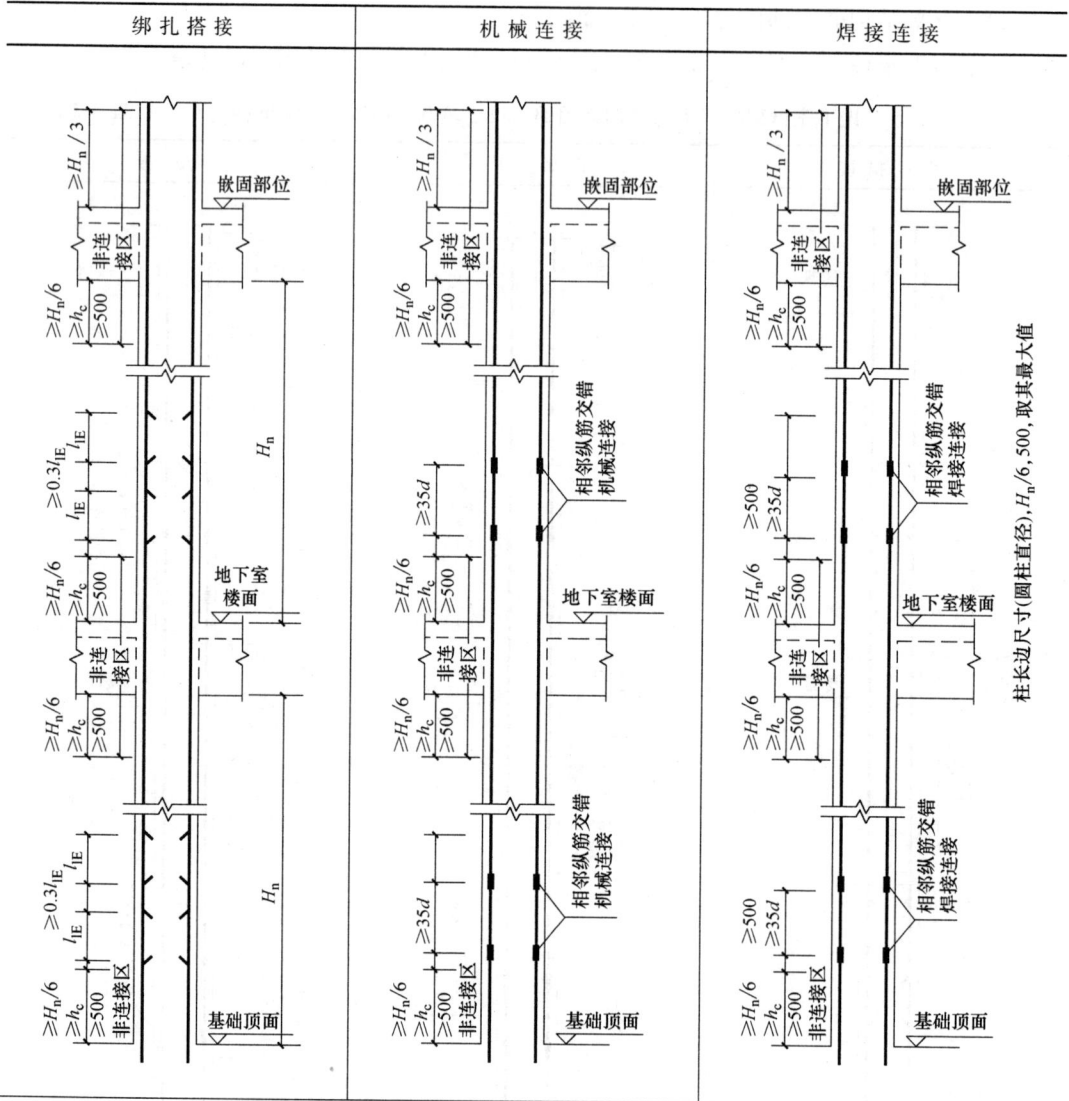

地下室框架柱（上部结构嵌固部位在地下一层或基础顶面）钢筋构造　表 5-2-3

绑扎搭接	机械连接	焊接连接
		柱长边尺寸(圆柱直径)，$H_n/6$，500，取其最大值

(1) 上部结构的嵌固位置，即基础结构和上部结构的划分位置，基础顶面；

(2) 上部结构嵌固位置，柱纵筋非连接区高度为 $H_n/3$；

(3) 地下室各层纵筋非连接区高度为 $\max(H_n/6, h_c, 500)$；

(4) 地下室顶面非连接区高度为 $H_n/3$

5.2.3　中间层柱钢筋构造

1. 楼层中框架柱纵筋基本构造

楼层中框架柱纵筋基本构造要点为：

（1）低位钢筋长度＝本层层高－本层下端非连接区高度＋伸入上层的非连接区高度；

（2）高位钢筋长度＝本层层高－本层下端非连接区高度-错开接头高度＋伸入上层非连接区高度＋错开接头高度；

（3）非连接区高度取值：

楼层中：max（$H_n/6$，H_c，500）；

基础顶面嵌固部位：$H_n/3$。

2. 框架柱中间层变截面钢筋构造

框架柱中间层变截面钢筋构造可分为五种情况，见表 5-2-4。

框架柱中间层变截面钢筋构造   表 5-2-4

情　况	识　图	构　造　要　点
$\Delta/h_b > 1/6$		(1)下层柱纵筋断开收头，上层柱纵筋伸入下层； (2)下层柱纵筋伸至该层顶+$12d$； (3)上层柱纵筋伸入下层 $1.2l_{aE}$
$\Delta/h_b \leq 1/6$		下层柱纵筋斜弯连续伸入上层，不断开
$\Delta/h_b > 1/6$		(1)下层柱纵筋断开收头，上层柱纵筋伸入下层； (2)下层柱纵筋伸至该层顶+$12d$； (3)上层柱纵筋伸入下层 $1.2l_{aE}$

情　况	识　图	构 造 要 点
$\Delta/h_b \leqslant 1/6$		下层柱纵筋斜弯连续伸入上层,不断开
		(1)下层柱纵筋断开收头,上层柱纵筋伸入下层; (2)下层柱纵筋伸至该层顶$+l_{aE}$; (3)上层柱纵筋伸入下层$1.2l_{aE}$

3. 上、下柱钢筋根数不同时（上柱钢筋比下柱钢筋根数多）钢筋构造识图

上柱钢筋比下柱钢筋根数多,钢筋构造见图5-2-4。

上层柱比下层柱钢筋根数多时,钢筋构造要点:

上层柱多出的钢筋伸入下层$1.2l_{aE}$（注意起算位置）。

4. 上、下柱钢筋根数不同时（下柱钢筋比上柱钢筋根数多）钢筋构造识图

下柱钢筋比上柱钢筋根数多,钢筋构造见图5-2-5。

下柱钢筋比上柱钢筋根数多时,钢筋构造要点:

下层柱多出的钢筋伸入上层$1.2l_{aE}$（注意起算位置）。

5. 上、下柱钢筋直径不同时（上柱钢筋比下柱钢筋直径大）钢筋构造识图

上柱钢筋比下柱钢筋直径大,钢筋构造见图5-2-6。

上柱钢筋比下柱钢筋直径大时,钢筋构造要点:

上层较大直径钢筋伸入下层的上端非连接区与下层较小直径的钢筋连接。

6. 上、下柱钢筋直径不同时（下柱钢筋比上柱钢筋直径大）钢筋构造识图

下柱钢筋比上柱钢筋直径大,钢筋构造见图5-2-7。

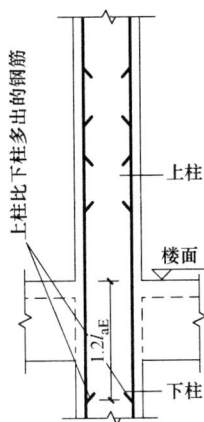

图 5-2-4 上层柱比下层柱钢筋
根数多的钢筋构造

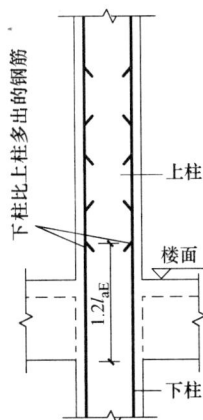

图 5-2-5 下柱钢筋比上柱钢筋
根数多的钢筋构造

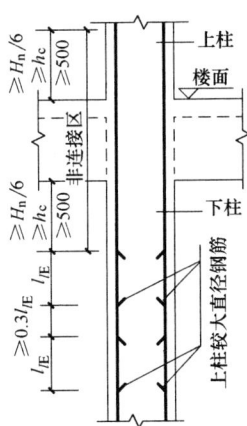

图 5-2-6 上柱钢筋比下柱钢筋
直径大的钢筋构造

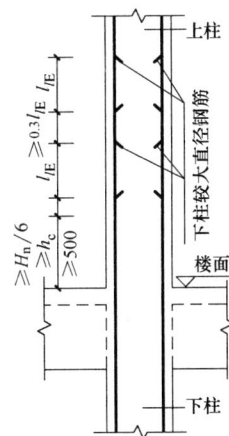

图 5-2-7 下柱钢筋比上柱钢筋
直径大的钢筋构造

下柱钢筋比上柱钢筋直径大时，钢筋构造要点：

下层较大直径钢筋伸入上层的上端非连接区与上层较小直径的钢筋连接。

5.2.4 顶层柱钢筋构造

1. 顶层边柱、角柱与中柱

框架柱顶层钢筋构造，要区分边柱、角柱和中柱，见图 5-2-8。

边柱、角柱和中柱，钢筋构造知识体系，见图 5-2-9。

2. 顶层中柱钢筋构造

顶层中柱钢筋构造可分为四种情况，见表 5-2-5。

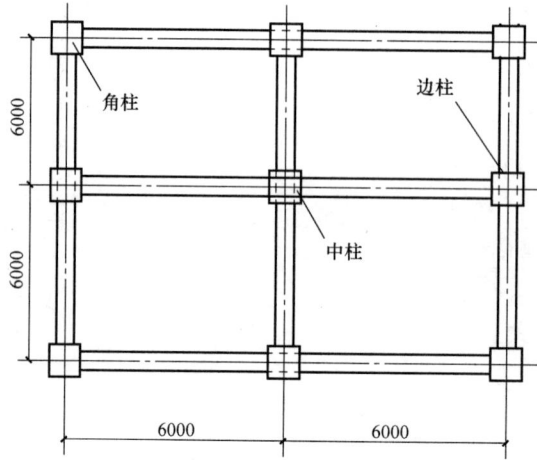

图 5-2-8　边柱、角柱与中柱

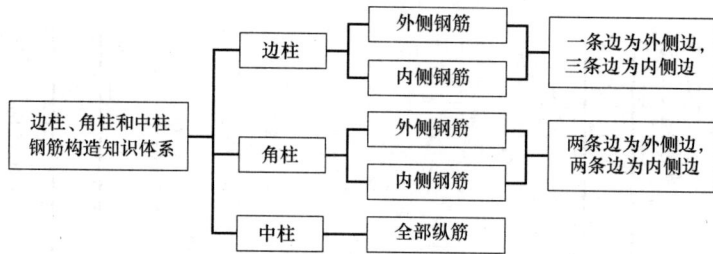

图 5-2-9　边柱、角柱和中柱钢筋构造知识体系

顶层中柱钢筋构造 　　　　　　　　　　　　　　　　　　　　表 5-2-5

识　图	钢筋构造要点
	顶层中柱全部纵筋伸至柱顶弯折 12d
	顶层中柱全部纵筋伸至柱顶弯折 12d

识　图	钢筋构造要点
伸至柱顶,且 $\geqslant 0.5l_{abE}$	顶层中柱全部纵筋伸至柱顶加锚头(锚板)
伸至柱顶,且 $\geqslant l_{abE}$	顶层中柱全部纵筋伸至柱顶直锚

3. 顶层边柱、角柱钢筋构造

顶层边柱和角柱的钢筋构造,先要区分内侧钢筋和外侧钢筋,区别的依据是角柱有两条外侧边,边柱只有一条外侧边。

顶层边柱、角柱的钢筋构造有五种形式,见表 5-2-6,进行钢筋算量时,形式选用根据实际施工图确定,选用后注意屋面框架梁钢筋要与之匹配。

顶层角柱钢筋构造形式

表 5-2-6

构造情况	识　图	钢筋构造要点
1	300 300 在柱宽范围的柱箍筋内侧设置间距≤150,但不少于3根直径不小于10的角部附加钢筋 柱外侧纵向钢筋直径不小于梁上部钢筋时,可弯入梁内作梁上部纵向钢筋 钢筋直径不小于10 柱内侧纵筋同中柱柱顶纵向钢筋构造	柱筋作为梁上部钢筋使用
2	柱外侧纵向钢筋配筋率>1.2%时分两批截断 $\geqslant 1.5l_{abE}$　$\geqslant 20d$ $\geqslant 15d$　梁上部纵筋 梁底 柱内侧纵筋同中柱柱顶纵向钢筋构造	从梁底算起 $1.5l_{abE}$ 超过柱内侧边缘

构造情况	识图	钢筋构造要点
3		从梁底算起 1.5l_{abE} 未超过柱内侧边缘
4		当现浇板厚度不小于 100 时,可按 2 中方式伸入板内锚固,且伸入板内长度不宜小于 15d
5		梁、柱纵向钢筋搭接接头沿节点外侧直线布置

5.2.5 框架柱箍筋构造

框架柱箍筋构造要点:

（1）箍筋长度：

$$矩形封闭箍筋长度=2\times[(b-2c+d)+(h-2c+d)]+2\times11.9d$$

（2）箍筋根数（加密区范围，如图 5-2-10 所示）：

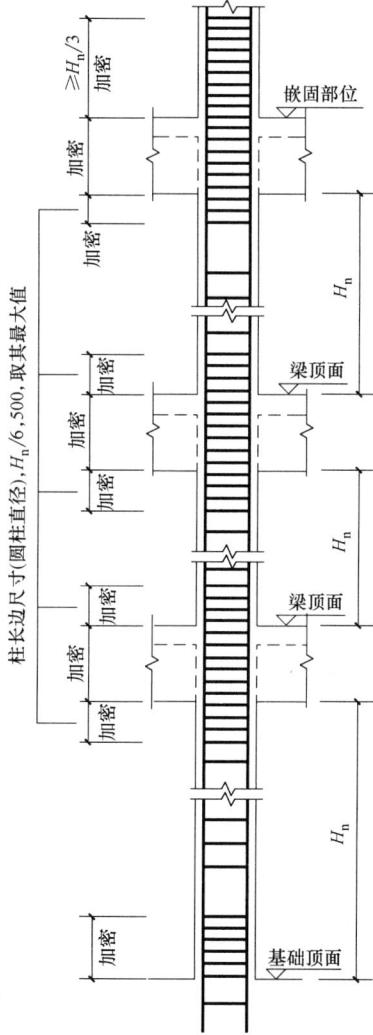

图 5-2-10　箍筋加密区范围

1）基础内箍筋根数：间距≤500 且不少于两道矩形封闭箍筋。

注意：基础内箍筋为非复合箍

2）地下室框架柱箍筋根数：加密区为地下室框架柱纵筋非连接区高度（地下室框架柱纵筋非连接区高度见本小节相关内容）。

（3）柱根位置：箍筋加密区高度为 $H_n/3$。

（4）中间节点高度：当与框架柱相连的框架梁高度或标高不同，注意节点高度的范围。

（5）节点区起止位置：框架柱箍筋在楼层位置分段进行布置，楼面位置起步距离为50mm。

（6）特殊情况：短柱全高加密（见图集《16G101-1》第66页）。

5.3 框架柱构件钢筋实例计算

本节就框架柱构件的平法钢筋构造，举实例计算。

本小节所有构件的计算条件，见表5-3-1。

钢筋计算条件   表5-3-1

计 算 条 件	值	计 算 条 件	值
混凝土强度	C30	h_c	柱长边尺寸
纵筋连接方式	电渣压力焊	h_b	梁高
抗震等级	一级抗震		

如图5-3-1所示：

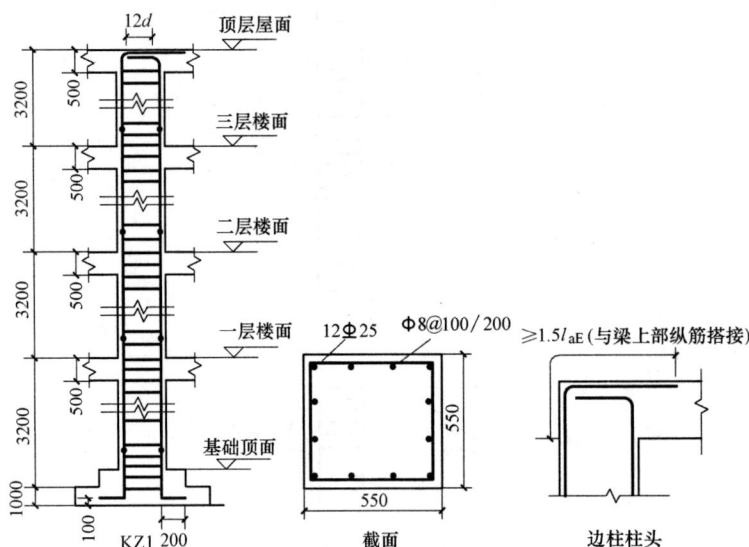

图5-3-1 KZ1

注：KZ1为边柱，C25混凝土保护，三级抗震，采用焊接连接，主筋在基础内水平弯折为200，基础箍筋2根，主筋的交错位置、箍筋的加密位置及长度按《16G101-1》计算。

计算过程：

考虑相邻纵筋连接接头需错开，纵筋要分两部分计算：

基础部分：

6Φ25：

L_1=底部弯折+基础高+基础顶面到上层接头的距离(满足≥$H_n/3$)

=200+(1000-100)+(3200-500)/3

=200+1800=2000

6Φ25：

L_2=底部弯折+基础高+基础顶面到上层接头的距离+纵筋交错距离

=200+(1000-100)+(3200-500)/3+Max(35d,500)

=200+2675=2875

一层：

12Φ25：

$L_1=L_2$=层高-基础顶面距接头距离+上层楼面距接头距离

=3200-$H_n/3$+Max($H_n/6$,h_c,500)

=3200-900+550=2850

二层：

12Φ25：

$L_1=L_2$=层高-本层楼面距接头距离+上层楼面距接头距离

=3200-Max($H_n/6$,h_c,500)+Max($H_n/6$,h_c,500)

=3200-550+550

=3200

三层：

12Φ25：

$L_1=L_2$=层高-本层楼面距接头距离+上层楼面距接头距离

=3200-Max($H_n/6$,h_c,500)+Max($H_n/6$,h_c,500)

=3200-550+550

=3200

顶层：

柱外侧纵筋 4Φ25：

2Φ25：

L_1=层高-本层楼面距接头距离-梁高+柱头部分

=3200-[Max($H_n/6$,h_c,500)-500+h_b-h_c+1.5L_{aE}-(h_b-Bh_c)]

=3200-[550-500+(500-30)+1.5×35×25-(500-30)]=2358

2Φ25：

L_2=层高-(本层楼面距接头距离+本层相邻纵筋交错距离)-梁高+柱头

=3200-[Max($H_n/6$,h_c,500)+Max(35d,500)-500+h_b-Bh_c+1.5L_{ae}-(H_b-Bh_c)]

=3200-(550+35×25)-500+(500-30)+1.5×35×25-(500-30)

=1745+843

=2588

柱内侧纵筋 8Φ25：

4Φ25：

$$L_1 = 层高 - 本层楼面距接头距离 - 梁高 + 柱头部分$$
$$= 3200 - Max(H_n/6, h_c, 500) - 500 + h_b - Bh_c + 12d$$
$$= 3200 - 550 - 500 + 500 - 30 + 12 \times 25$$
$$= 2620 + 300$$
$$= 2920$$

4Φ25：

$$L_2 = 层高 - (本层楼面距接头距离 + 本层相邻纵筋交错距离) - 梁高 + 柱头$$
$$= 3200 - [Max(H_n/6, h_c, 500) + Max(35d, 500)] - 500 + h_b - Bh_c + 12d$$
$$= 3200 - (550 + 35 \times 25) - 500 + (500 - 30) + 12 \times 25$$
$$= 1745 + 300$$
$$= 2045$$

箍筋尺寸：

$$B 边 550 - 2 \times 30 + 2 \times 8 = 506$$
$$H 边 550 - 2 \times 30 + 2 \times 8 = 506$$

箍筋根数：

一层：

$$加密区长度 = H_n/3 + h_b + Max(柱长边尺寸, H_n/6, 500)$$
$$= (3200 - 500)/3 + 500 + 550$$
$$= 1950$$
$$非加密区长度 = H_n - 加密区长度$$
$$= (3200 - 500) - 1950 = 750$$
$$N = (1950/100) + (750/200) + 1 = 25$$

二层：

$$加密区长度 = 2 \times max(柱长边尺寸, H_n/6, 500) + h_b$$
$$= 2 \times 550 + 500 = 1600$$
$$非加密区长度 = H_n - 加密区长度$$
$$= (3200 - 500) - 1600 = 1100$$
$$N = (1600/100) + (1100/200) + 1$$
$$= 23$$

三、四层同二层总根数：

$$N = 2 + 25 + 23 \times 3 = 96 根$$

习　题

1. 请将下表填写完整。

构件名称	框架柱		芯柱		剪力墙上柱
构件代号		ZHZ		LZ	

2. 计算楼层的框架柱箍筋根数。已知楼层的层高为 4.20m，框架柱 KZ1 的截面尺寸为 700mm×650mm，箍筋标注为 $\phi10@100/200$，该层顶板的框架梁截面尺寸为 300mm×700mm。

<h1 style="text-align:center">习 题 答 案</h1>

1. KZ，转换柱，X.Z，梁上柱，QZ

2. 【解】

（1）本层楼的柱净高为 $H_n = 4200 - 700 = 3500$mm

框架柱截面长边尺寸 $h_c = 700$mm

$H_n/h_c = 3500/700 = 5 > 4$，由此可以判断该框架注不是"短柱"。

加密区长度 $= \max(H_n/6, h_c, 500) = \max(3500/6, 700, 500) = 700$mm

（2）上部加密区箍筋根数计算

加密区长度 $= \max(H_n/6, h_c, 500) + $ 框架梁高度 $= 700 + 700 = 1400$mm

根数 $= 1400/100 = 14$ 根

所以上部加密区实际长度 $= 14 \times 100 = 1400$mm

（3）下部加密区箍筋根数计算

加密区长度 $= \max(H_n/6, h_c, 500) = 700$mm

根数 $= 700/100 = 7$ 根

所以下部加密区实际长度 $= 7 \times 100 = 700$mm

（4）中间非加密区箍筋根数计算

非加密区长度 $= 4200 - 1400 - 700 = 2100$mm

根数 $= 2100/200 = 11$ 根

（5）本层 KZ1 箍筋根数计算

根数 $= 14 + 7 + 11 = 32$ 根

6 剪力墙构件

6.1 剪力墙构件平法识图

6.1.1 《16G101》剪力墙构件平法识图学习方法

1. 剪力墙构件的组成

剪力墙构件不是一个独立的构件，而是由墙身、墙梁、墙柱共同组成。

2. 剪力墙构件平法识图知识体系

剪力墙构件的制图规则，知识体系如图 6-1-1 所示。

说明：1. 截面注写数据标注方式：在剪力墙平面布置图上，以直接在墙身、墙柱、墙梁上注写截面尺寸和配筋具体数值的方式来表示在剪力墙平法施工图。

2. 洞口：无论采用列表注写还是截面注写，剪力墙洞口均可以剪力墙平面图上原位表达，表达的内容包括：洞口编号、几何尺寸、洞口中心相对标高、洞口每边补强钢筋。

6.1.2 剪力墙构件平法识图

1. 剪力墙构件的平法表达方式

剪力墙构件的平法表达方式分列表注写和截面注写两种形式。

（1）剪力墙构件列表注写方式

剪力墙构件的列表注写方式，系分别在剪力墙柱表、剪力墙身表和剪力墙梁表中，对应剪力墙平面布置图上的编号，用绘制截面配筋图并注写几何尺寸及配筋具体数值的方式，来表达剪力墙平法施工图。

剪力墙列表注写方式识图方法，就是剪力墙平面图与剪力墙柱表、剪力墙身表和剪力墙梁表的对照阅读，具体来说就是：

1）剪力墙柱表对应剪力平面图上墙柱的编号，在列表注写截面尺寸及具体数值。

2）剪力墙身表对应剪力墙平面图的墙身编号，在列表中注写尺寸及配筋的具体数值。

3）剪力墙梁表对应剪力墙平面图的墙梁编号，在列表中注写截面尺寸及配筋的具体数值。

剪力墙列表注写方式实例，见图 6-1-2。

（2）剪力墙截面注写方式

剪力墙截面注写方式，系在分标准层绘制的剪力墙平面布置图上，以直接在墙柱、墙梁、墙身上注写截面尺寸和配筋具体数值的方式来表达剪力墙平法施工图。

```
剪力墙构件
平法识图知
识体系
├─ 平面表达方式
│   ├─ 平面注写方式
│   └─ 截面注写方式
│
├─ 数据项
│   ├─ 墙身
│   │   ├─ 墙身编号
│   │   ├─ 各段起止标高
│   │   └─ 配筋(水平筋、竖向筋、拉筋)
│   ├─ 墙柱
│   │   ├─ 墙柱编号
│   │   ├─ 各段起止标高
│   │   └─ 配筋(纵筋和箍筋)
│   └─ 墙梁
│       ├─ 墙梁编号
│       ├─ 所在楼层号
│       ├─ 顶标高高差
│       ├─ 截面尺寸
│       └─ 配筋(顶部、底部纵筋、箍筋)附加钢筋(交叉暗撑、斜向交叉钢筋等)
│
├─ 列表注写数据标注方式
│   ├─ 墙身
│   │   ├─ 墙身平面图 ── 墙身编号
│   │   └─ 墙身表 ├─ 各段起止标高
│   │             └─ 配筋(水平筋、竖向筋、拉筋)
│   ├─ 墙柱
│   │   ├─ 墙柱平面图 ── 墙柱编号
│   │   └─ 墙柱表 ├─ 各段起止标高
│   │             └─ 配筋(纵筋和箍筋)
│   └─ 墙梁
│       ├─ 墙梁平面图 ── 墙梁编号
│       └─ 墙梁表 ├─ 所在楼层号
│                 ├─ 顶标高高差(选注)
│                 ├─ 截面尺寸
│                 ├─ 配筋
│                 └─ 附加钢筋(选注)
│
├─ 截面注写数据标注方式
└─ 洞口
```

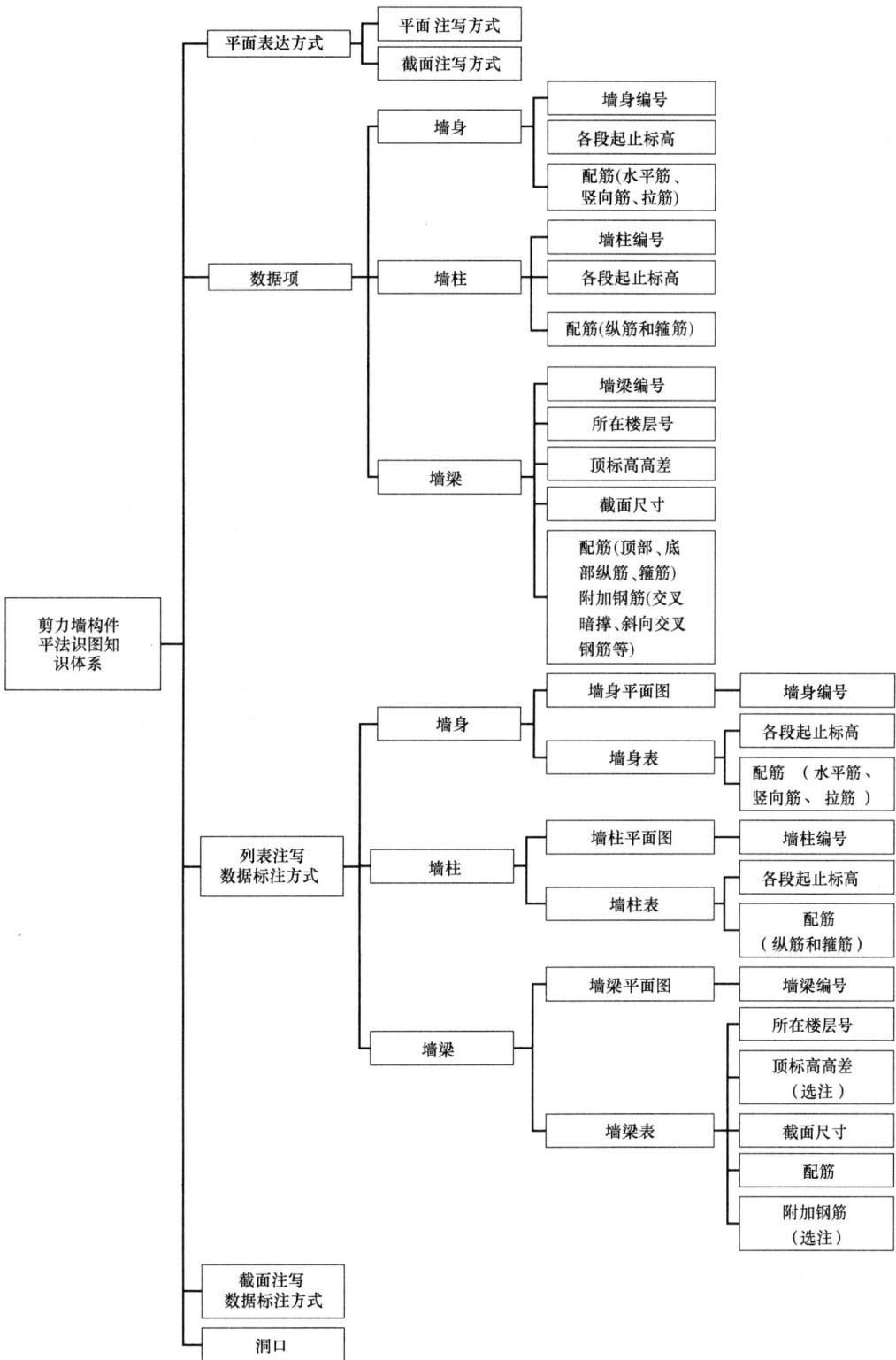

图 6-1-1 剪力墙构件平法识图知识体系

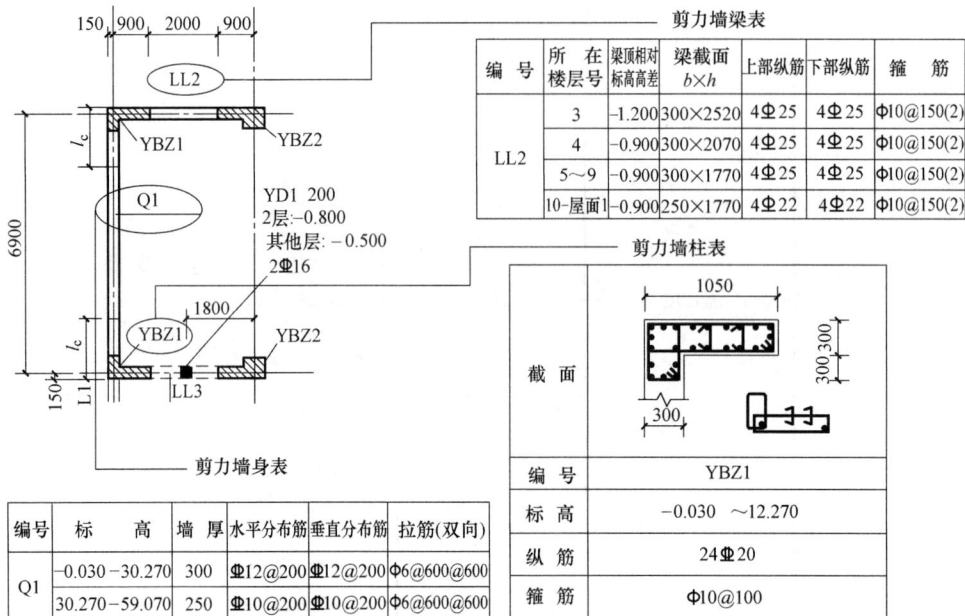

图 6-1-2 剪力墙列表注写方式示例

剪力墙截面注写方式，见图 6-1-3。

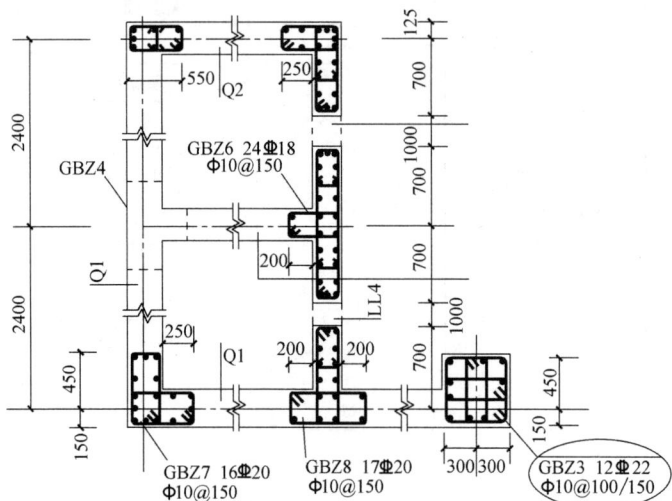

图 6-1-3 剪力墙截面注写方式示例

2. 剪力墙平法识图要点

前面讲解了剪力墙的平法表达方式分列表注写和截面注写两种方式，这两种表达方式的表达的数据项是相同，这里，就讲解这些数据项具体在阅读和识图时要点。

（1）结构层高及楼面标高识图要点

对于一、二级抗震设计的剪力墙结构，有一个"底部加强部位"，注写在"结构层高与楼面标高"表中，见图 6-1-4。

（2）墙梁识图要点

1）墙梁的识图要点为：墙梁标高与层高的关系，见图 6-1-5。

图 6-1-5 中，通过对照连梁表与结构层高标高表，就能得出各层的连梁 LL2 的标高位置。

剪力墙梁表

编号	所在楼层号	梁顶相对标高高差	梁截面 $b×h$	上部纵筋	下部纵筋	箍筋
LL2	3	−1.200	300×2520	4Φ25	4Φ25	Φ10@150(2)
	4	−0.900	300×2070	4Φ25	4Φ25	Φ10@150(2)
	5~9	−0.900	300×1770	4Φ25	4Φ25	Φ10@150(2)
	10~屋面	−0.900	250×1770	4Φ22	4Φ22	Φ10@150(2)

图 6-1-4 底部加强部位

层号	标高(m)	层高(m)
屋面2	65.670	
塔层2	62.370	3.30
屋面1（塔层1）	59.070	3.30
10	33.870	3.60
9	30.270	3.60
8	26.670	3.60
7	23.070	3.60
6	19.470	3.60
5	15.870	3.60
4	12.270	3.60
3	8.670	3.60
2	4.470	4.20
1	−0.030	4.50
−1	−4.530	4.50
−2	−9.030	4.50

底部加强部分

图 6-1-4 底部加强部位

图 6-1-5 墙梁表的识图要点

层号	标高(m)	层高(m)
屋面2	65.670	
10	33.870	3.60
9	30.270	3.60
8	26.670	3.60
7	23.070	3.60
6	19.470	3.60
5	15.870	3.60
4	12.270	3.60
3	8.670	3.60
2	4.470	4.20
1	−0.030	4.50
−1	−4.530	4.50
−2	−9.030	4.50

底部加强部位

2）墙梁的分类及编号见表 6-1-1。

墙梁编号 表 6-1-1

墙 梁 类 型	代 号	序 号
连梁	LL	××
连梁（对角暗撑配筋）	LL(JC)	××
连梁（交叉斜筋配筋）	LL(JX)	××
连梁（集中对角斜筋配筋）	LL(DX)	××
连梁（跨高比不小于 5）	LLK	××
暗梁	AL	××
边框梁	BKL	××

3）在剪力墙梁表中表达的内容：

① 墙梁编号。

② 墙梁所在楼层号。

③ 墙梁顶面标高高差，系指相对于墙梁所在结构层楼面标高的高差值，高于者为正

值，低于者为负值，当无高差时不注。

④ 墙梁截面尺寸 $b \times h$，上部纵筋，下部纵筋和箍筋的具体数值。

⑤ 当连梁设有对角暗撑时［代号为 LL（JC）××］，注写暗撑的截面尺寸（箍筋外皮尺寸）；注写一根暗撑的全部纵筋，并标注×2 表明有两根暗撑相互交叉；注写暗撑箍筋的具体数值。

⑥ 当连梁设有交叉斜筋时［代号为 LL（JX）××］，注写连梁一侧对角斜筋的配筋值，并标注×2 表明对称设置；注写对角斜筋在连梁端部设置的拉筋根数、强度级别及直径，并标注×4 表示四个角都设置；注写连梁一侧折线筋配筋值，并标注×2 表明对称设置。

⑦ 当连梁设有集中对角斜筋时［代号为 LL（DX）××］，注写一条对角线上的对角斜筋，并标注×2 表明对称设置。

⑧ 跨高比不小于 5 的连梁，按框架梁设计时（代号为 LLk××），采用平面注写方式，注写规则同框架梁，可采用适当比例单独绘制，也可与剪力墙平法施工图合并绘制。

墙梁侧面纵筋的配置，当墙身水平分布钢筋满足连梁、暗梁及边框梁的梁侧面纵向构造钢筋的要求时，该筋配置同墙身水平分布钢筋，表中不注，施工按标准构造详图的要求即可。

（3）墙柱识图要点

1）墙柱箍筋组合

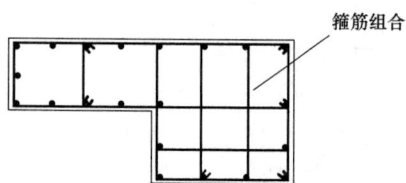

箍筋组合

图 6-1-6　墙柱箍筋组合

剪力墙的墙柱箍筋通常为复合箍筋，识图时，应注意箍筋的组合，也就是分清何为一根箍筋，只有分清了才能计算其长度，见图 6-1-6。

2）墙柱的分类

剪力墙的墙梁分类在上一点已作出介绍，墙梁比较容易区分，本小节前面介绍剪力墙构件组成时就进行了介绍。

墙柱的类型及编号，见表 6-1-2。

墙柱的编号 表 6-1-2

墙柱类型	编号	墙柱类型	编号
约束边缘构件	YBZ	非边缘暗柱	AZ
构造边缘构件	GBZ	扶壁柱	FBZ

注：约束边缘构件包括约束边缘暗柱、约束边缘端柱、约束边缘翼墙、约束边缘转角墙四种。构造边缘构件包括构造边缘暗柱、构造边缘端柱、构造边缘翼墙、构造边缘转角墙四种。

3）剪力墙柱表中表达的内容

① 墙柱编号，绘制该墙柱的截面配筋图，标注墙柱几何尺寸。

a. 约束边缘构件需注明阴影部分尺寸。

b. 构造边缘构件需注明阴影部分尺寸。

c. 扶壁柱及非边缘暗柱需标注几何尺寸。

② 各段墙柱的起止标高，自墙柱根部往上以变截面位置或截面未变但配筋改变处为界

分段注写。墙柱根部标高系指基础顶面标高（部分框支剪力墙结构则为框支梁顶面标高）。

当墙身水平分布钢筋不满足连梁、暗梁及边框梁的梁侧面纵向构造钢筋的要求时，应在表中补充注明梁侧面纵筋的具体数值；当为 LLk 时，平面注写方式以大写字母"N"打头。梁侧面纵向钢筋在支座内锚固要求同连梁中受力钢筋。

③ 各段墙柱的纵向钢筋和箍筋，注写值应与在表中绘制的截面配筋图对应一致。纵向钢筋注总配筋值；墙柱箍筋的注写方式与柱箍筋相同。

（4）墙身识图要点

1）墙身识图要点：注意墙身与墙柱及墙梁的位置关系。

2）在剪力墙身表中表达的内容：

① 写墙身编号（含水平与竖向分布钢筋的根数）。

② 各段墙身起止标高，自墙身根部往上以变截面位置或截面未变但配筋改变处为界分段注写。墙身根部标高系指基础顶面标高（部分框支剪力墙结构则为框支梁顶面标高）。

③ 注写水平分布钢筋、竖向分布钢筋和拉筋的具体数值。注写数值为一排水平分布钢筋和竖向分布钢筋的规格与间距，具体设置几排已经在墙身编号后面表达。

拉筋应注明布置方式"矩形"或"梅花"布置，用于剪力墙分布钢筋的拉结，见图 6-1-7（图中 a 为竖向分布钢筋间距，b 为水平分布钢筋间距）。

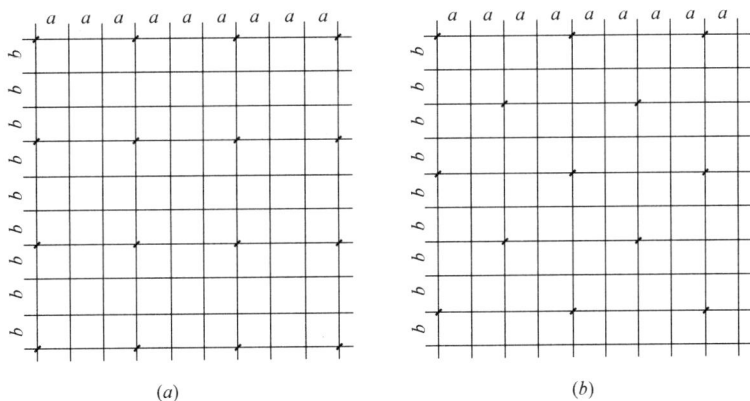

图 6-1-7　拉结筋设置示意

（a）拉结筋@$3a$、@$3b$ 矩形（$a \leqslant 200$、$b \leqslant 200$）；（b）拉结筋@$4a$、@$4b$ 梅花（$a \leqslant 150$、$b \leqslant 150$）

6.2　剪力墙构件钢筋构造

本节讲解剪力墙构件的钢筋构造，即剪力墙构件的各种钢筋在实际工程中可能出现的各种构造情况。知识结构如图 6-2-1 所示：

6.2.1　墙身钢筋构造

1. 墙身水平分布筋构造

（1）墙身水平分布筋构造总述

墙身水平分布筋长度 —— 端部锚固
墙身水平分布筋长度 —— 转角处构造
墙身水平分布筋根数 —— 基础内根数
墙身水平分布筋根数 —— 楼层中根数
墙身钢筋 —— 墙身竖向筋长度 —— 基础内插筋
墙身竖向筋长度 —— 中间层
墙身竖向筋长度 —— 顶层
墙身竖向筋根数
拉结筋

剪力墙构件钢筋构造

墙梁钢筋 —— 连梁 —— 纵筋
连梁 —— 箍筋
暗梁 —— 纵筋
暗梁 —— 箍筋
边框梁 —— 纵筋
边框梁 —— 箍筋

墙柱钢筋 —— 端柱 —— 纵筋
端柱 —— 箍筋
暗柱 —— 纵筋
暗柱 —— 箍筋

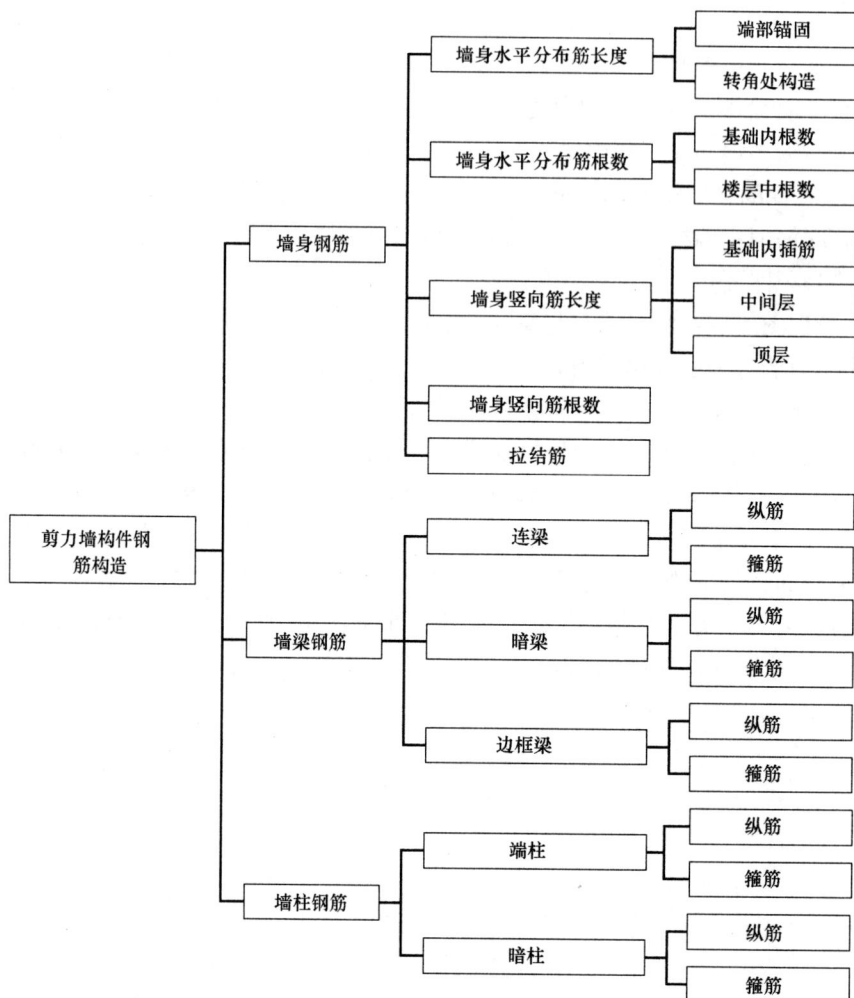

图 6-2-1 剪力墙构件钢筋知识体系

墙身水平分布筋构造总述，见图 6-2-2。

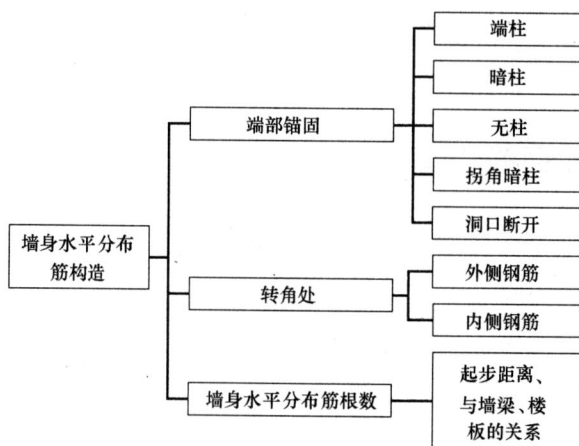

墙身水平分布筋构造 —— 端部锚固 —— 端柱
端部锚固 —— 暗柱
端部锚固 —— 无柱
端部锚固 —— 拐角暗柱
端部锚固 —— 洞口断开
转角处 —— 外侧钢筋
转角处 —— 内侧钢筋
墙身水平分布筋根数 —— 起步距离、与墙梁、楼板的关系

图 6-2-2 墙身水平分布筋构造总述

（2）墙身水平分布筋暗柱锚固

墙身水平分布筋暗柱锚固构造，见表 6-2-1。

墙身水平分布筋暗柱锚固构造   表 6-2-1

钢筋构造要点:(以内侧钢筋为例)	识　图
墙身水平分布筋暗柱锚固:伸至对边弯折 15d	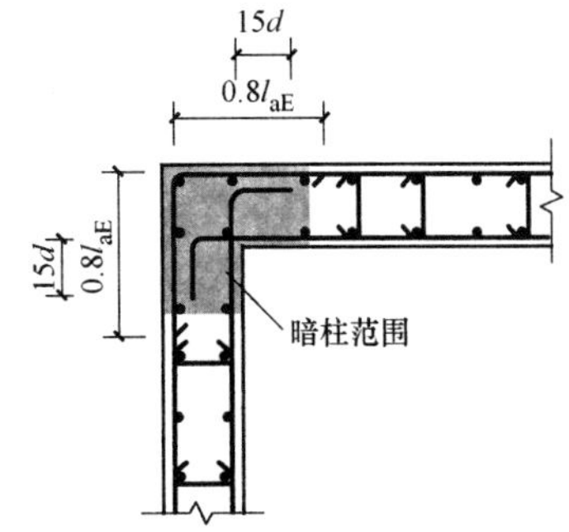
当暗柱截面尺寸较大(≥l_{aE}),墙身水平分布筋在暗柱内锚固:伸至对边弯折 15d	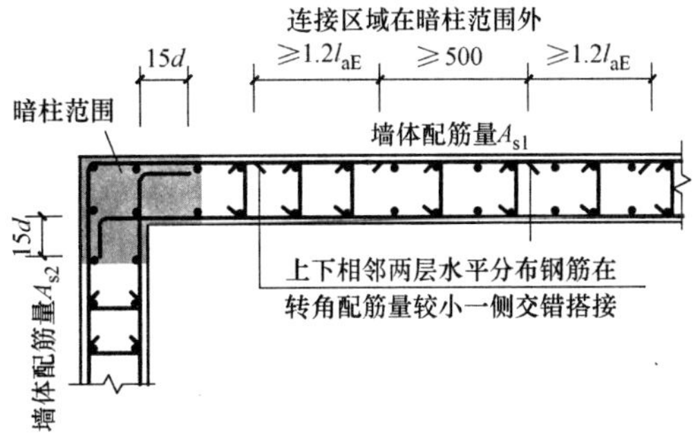
当暗柱截面尺寸较大(≥l_{aE}),墙身水平分布筋在暗柱内锚固:伸至对边弯折 15d	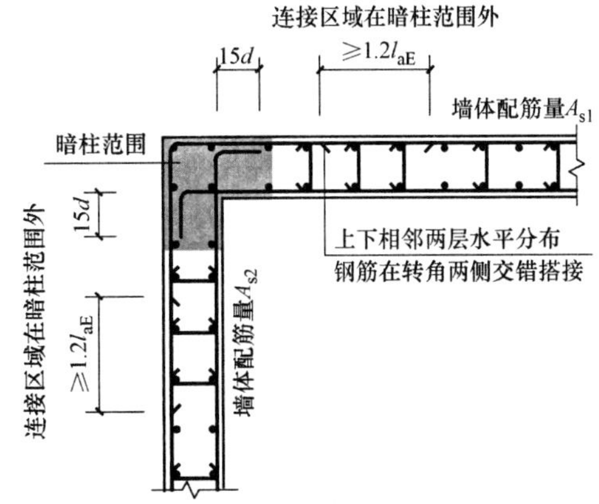

（3）墙身水平分布筋转角处构造（直角）

墙身水平分布筋转角处构造（直角），见表 6-2-2。

（4）墙身水平分布筋转角处构造（斜交）

墙身水平分布筋转角处构造（斜交），见图 6-2-3。

墙身水平分布筋转角处构造（直角） 表 6-2-2

钢筋构造要点	识 图
墙身水平分布筋转角处构造（直角）中锚固： 外侧钢筋：伸至对边弯折 $15d$ 内侧钢筋：伸至对边弯折 $15d$	

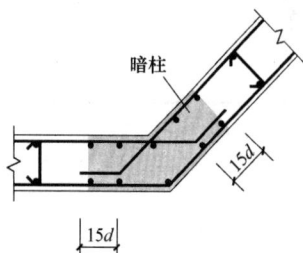

图 6-2-3 墙身水平分布筋转角处构造（斜交）

墙身水平分布筋转角处构造（斜交）要点：

墙身水平分布筋在斜交处锚固 $15d$。

（5）墙身水平分布筋翼墙构造（直角）

墙身水平分布筋翼墙构造（直角），见图 6-2-4。

墙身水平分布筋翼墙构造（直角）要点：

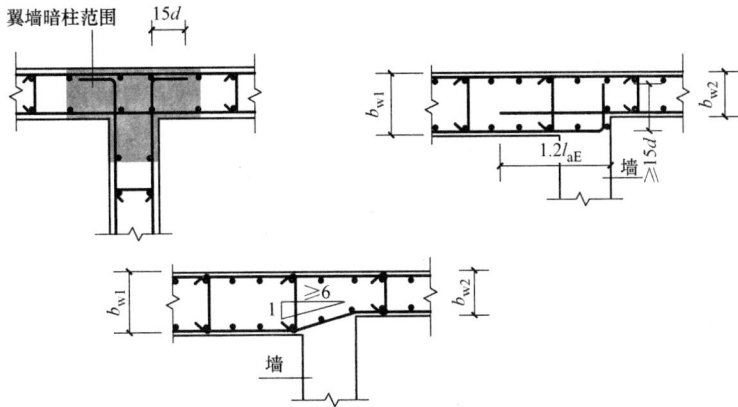

图 6-2-4 墙身水平分布筋翼墙构造（直角）

墙身水平分布筋伸至对边弯折 $15d$。

（6）墙身水平分布筋翼墙构造（斜交）

墙身水平分布筋翼墙构造（斜交），见图 6-2-5。

墙身水平分布筋翼墙构造（斜交）要点：

墙身水平分布筋在斜交处锚固 $15d$。

（7）墙身水平分布筋根数构造

墙身水平分布筋根数构造，见表 6-2-3。

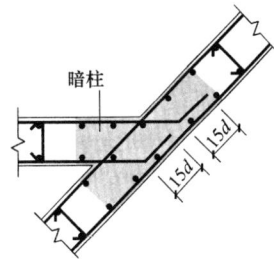

图 6-2-5 墙身水平分布筋翼墙构造（斜交）

墙身水平分布筋根数构造　　　　　表 6-2-3

钢筋构造要点	识　图
（1）墙身水平筋基础内根数：间距≤500，且不少于两道； （2）基础顶面起步距离1/2 钢筋间距	

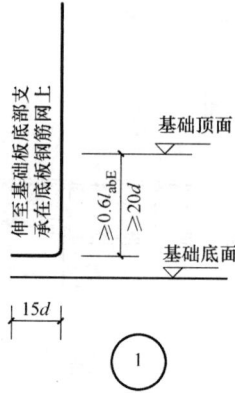

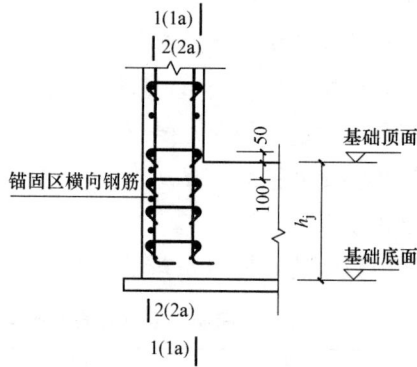

钢筋构造要点	识　图
（1）墙身水平筋基础内根数：间距≤500，且不少于两道； （2）基础顶面起步距离1/2钢筋间距	伸至基础板底部支承在底板钢筋网上 ≥0.6l_{abE}　≥20d 基础顶面 基础底面 15d ① 1(1a)　2(2a) 锚固区横向钢筋 50　100 h_j 基础顶面 基础底面 2(2a)　1(1a) "隔二下一"伸至基础板底部，支承在底板钢筋网片上，也可支承在筏形基础的中间层钢筋网片上 间距≤500，且不少于两道水平分布钢筋与拉结筋 ≥l_{aE}　h_j 6d且≥150 1—1 基础高度满足直锚 间距≤500，且不少于两道水平分布钢筋与拉结筋 h_j 1a—1a 基础高度不满足直锚 伸至基础板底部，支承在底板钢筋网片上 锚固区横向钢筋 ≥l_{aE}　h_j 6d且≥150 2—2 基础高度满足直锚 锚固区横向钢筋 h_j 2a—2a 基础高度不满足直锚

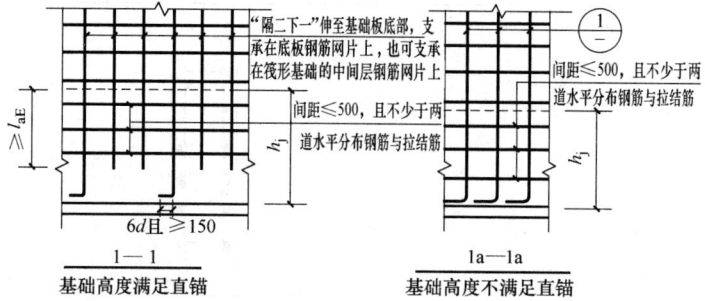

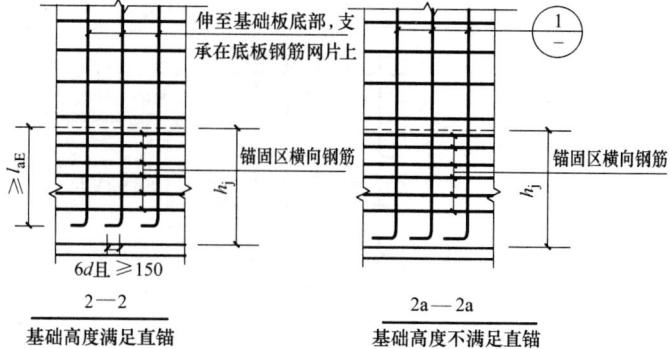

钢筋构造要点	识　图
(1)墙身水平筋基础内根数：间距≤500，且不少于两道； (2)基础顶面起步距离1/2钢筋间距	

2. 墙身竖向筋构造

（1）墙身竖向筋构造总述

墙身竖向筋构造总述，见图 6-2-6。

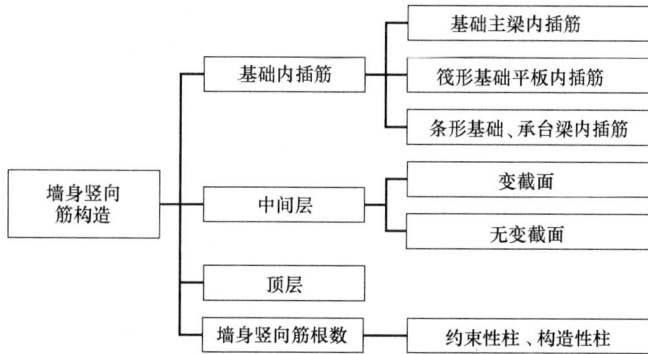

图 6-2-6　墙身竖向筋构造总述

（2）墙身竖向分布钢筋连接构造

墙身竖向分布钢筋连接构造，见表 6-2-4。

墙身竖向分布钢筋连接构造　　　　表 6-2-4

钢筋构造要点	识　图
一、二级抗震等级剪力墙加强部位竖向分布钢筋搭接构造：错开搭接 $1.2l_{aE}$	

钢筋构造要点	识　图
各级抗震剪力墙竖向分布钢筋中,相邻钢筋采用交错机械连接	相邻钢筋交错机械连接 35d ≥500 楼板顶面 基础顶面
各级抗震剪力墙竖向分布钢筋中,相邻钢筋采用交错焊接	相邻钢筋交错焊接 35d　≥500 ≥500 楼板顶面 基础顶面
一、二级抗震等级剪力墙非底部加强部位或三、四及抗震等级剪力墙竖向分布钢筋可在同一部位搭接,搭接长度≥1.2l_{aE}(l_a)	≥1.2l_{aE} 楼板顶面 基础顶面

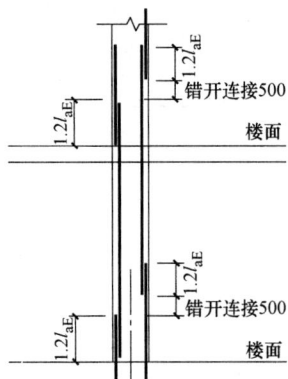

1.2l_{aE}
错开连接500
楼面
1.2l_{aE}
1.2l_{aE}
错开连接500
楼面
1.2l_{aE}

图 6-2-7　墙身竖向筋楼层中基本构造

（3）墙身竖向筋楼层中基本构造

墙身竖向筋楼层中基本构造,见图 6-2-7。

墙身竖向筋楼层中基本构造要点:

1）低位:本层层高+伸入上层 1.2l_{aE};

2）高位:本层层高-1.2l_{aE}-500+伸入上层 1.2l_{aE}+500+1.2l_{aE}。

（4）墙身竖向筋楼层中构造（变截面）

墙身竖向筋楼层中基本构造,见图 6-2-8。

墙身竖向筋楼层中构造（变截面）要点:

变截面处,下层墙竖向筋伸至本层顶,自板底起

算加 l_{aE}，并且平直段长度≥12d。

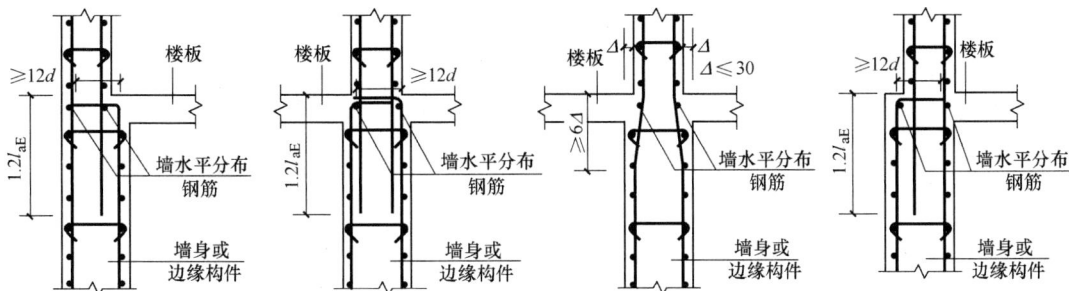

图 6-2-8 墙身竖向筋楼层中构造（变截面）

（5）墙身竖向筋顶层构造

墙身竖向筋顶层构造，见表 6-2-5。

墙身竖向筋顶层构造　　　　　　　　　　　　　　　表 6-2-5

钢筋构造要点	识　图
（1）竖向分布筋伸至剪力墙顶部后弯折，弯折长度为 12d(15d)，（括号内数值是考虑屋面板上部钢筋与剪力外侧竖向钢筋搭接传力时的做法）；当一侧剪力墙有楼板时，墙柱钢筋均向楼板内弯折，当剪力墙两侧均有楼板时，竖向钢筋可分别向两侧楼板内弯折	
（2）当剪力墙竖向钢筋在边框梁中锚固时，构造特点为：直锚 l_{aE}	

（6）墙身竖向筋根数构造

墙身竖向筋根数构造要点：

1）墙端为构造性柱，墙身竖向筋在墙净长范围内布置，起步距离为一个钢筋间距。

2）墙端为约束性柱，约束性柱的扩展部位配置墙身筋（间距配合该部位的拉筋间距）；约束性柱扩展部位以外，正常布置墙竖向筋。

3. 墙身拉结筋构造

墙身拉结筋根数构造，见图 6-2-9。

墙身拉结筋根数构造要点：

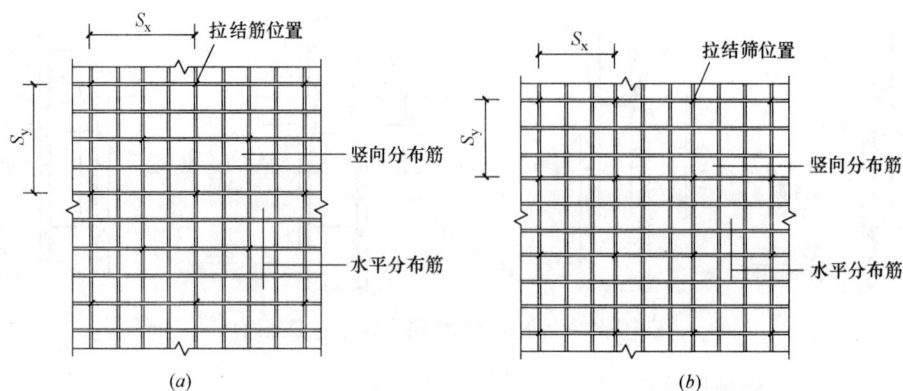

图 6-2-9　墙身拉结筋构造
(*a*) 梅花形布置；(*b*) 矩形布置

（1）墙身拉结筋有梅花形和矩形布置两种构造，如设计未明确注明，一般采用梅花形布置；

（2）墙身拉结筋布置：

在层高范围：从楼面往上第二排墙身水平筋，至顶板往下第一排墙身水平筋；

在墙身宽度范围：从端部的墙柱边第一排墙身竖向钢筋开始布置；

连梁范围内的墙身水平筋，也要布置拉结筋。

（3）一般情况，墙拉结筋间距是墙水平筋或竖向筋间距的 2 倍。

6.2.2　墙柱钢筋构造

剪力墙墙柱可分为：约束边缘暗柱、约束边缘端柱、约束边缘翼墙（柱）、约束边缘转角墙（柱）、构造边缘暗柱、构造边缘端柱、构造边缘翼墙（柱）、构造边缘转角墙（柱）、非边缘暗柱、扶壁柱。在此不作详细介绍。

6.2.3　墙梁钢筋构造

1. 墙梁钢筋构造知识体系

墙梁钢筋构造知识体系，见图 6-2-10。

2. 连梁 LL 钢筋构造

连梁 LL 钢筋构造，见表 6-2-6。

3. 暗梁 AL 钢筋构造

暗梁 AL 钢筋构造，见表 6-2-7。

4. 边框梁 BKL 钢筋构造

边框梁 BKL 钢筋构造，见表 6-2-8。

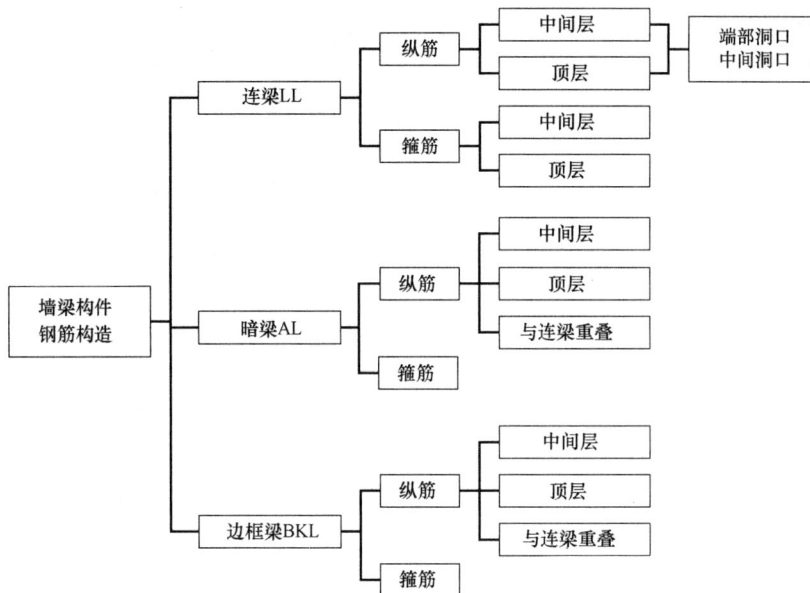

图 6-2-10 墙梁构件钢筋构造知识体系

连梁 LL 钢筋构造   表 6-2-6

钢筋构造要点	识 图
(1)中间层连梁在中间洞口,纵筋长度=洞口宽+两端锚固 max[l_{aE},600]	

续表

钢筋构造要点	识　图
（2）中间层连梁在端部洞口处： 端部锚固同墙身水平筋：伸至对边弯折15d，或直锚 max[l_{aE},600]； 另一侧锚固同上	 小墙垛处 洞口连梁（端部墙肢较短）
（3）中间层连梁端部锚固： 连梁纵筋在洞口两端支座的直锚 max[l_{aE},600]	 单洞口连梁（单跨）

暗梁 AL 钢筋构造　　　　　　　　表 6-2-7

钢筋构造要点	识　图
（1）中间层暗梁：端部锚固同墙身水平筋：伸至对边弯折 15d	
（2）顶层暗梁端部锚固： 顶部钢筋伸至端部弯折 $1.7l_{abE}$ $(1.7l_{ab})$，底部钢筋同墙身水平筋伸至对边弯折 15d	
（3）与连梁重叠时： 暗梁纵筋与箍筋算到连梁边，暗梁纵筋与连梁纵筋若位置与规格相同的，则可贯通，规格不同的则相互搭接	

边框梁 BKL 钢筋构造　　　　　　　　表 6-2-8

钢筋构造要点	识　图
（1）中间层边框梁：端部锚固同墙身水平筋：伸至对边弯折 15d	

续表

钢筋构造要点	识　图
(2)顶层边框梁端部锚固： 顶部钢筋伸至端部弯折 $1.7l_{abE}(1.7l_{ab})$，底部钢筋同墙身水平筋伸至对边弯折 $15d$	
(3)与连梁重叠时： 边框梁与连梁的箍筋及纵筋各自计算，规格和位置相同的可直通	

6.3 剪力墙构件钢筋实例计算

上一节讲解了剪力墙的平法钢筋构造，本节就这些钢筋构造情况举实例计算。

剪力墙身表达形式为 Q××（×排），括号内为墙身所配置的水平钢筋与竖向钢筋的排数。

剪力墙身共有三种钢筋，水平钢筋、竖向钢筋及拉筋。端柱、小墙肢的竖向钢筋构造与框架柱相同，水平钢筋的计算比较简单，拉筋尺寸及根数要依据具体设计来进行计算。

下面就以一个实例来计算墙的配筋：

注：1. 剪力墙 Q1，三级抗震，C25 混凝土保护层为 15，各层楼板厚度均为 100；

2. l_{aE}，l_{lE} 取值按图集《16G101-3》第 58、61 页的规定。

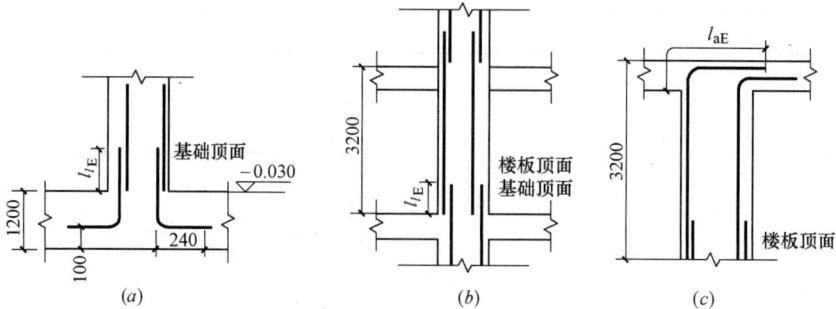

图 6-3-1　剪力墙竖向分布钢筋

（a）基础层；（b）中间层；（c）顶层

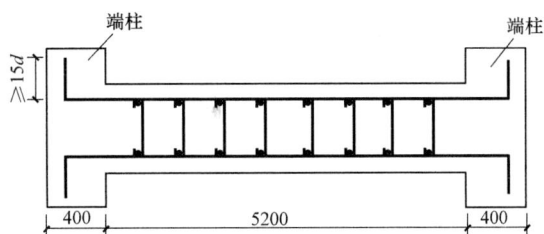

图 6-3-2 剪力墙水平分布钢筋

剪力墙身表 表 6-3-1

剪力墙身表					
编号	标 高	墙厚	水平分布筋	垂直分布筋	拉 筋
Q12 排	$-0.030\sim9.570$	300	$\Phi12@200$	$\Phi12@200$	$\Phi6@200$

计算过程:

(1) 基础部分纵筋:

$$L = 基础内弯折 + 基础内高度 + 搭接长度 \, l_{lE}$$
$$= 240 + (1200-100) + 1.6 \times l_{aE}$$
$$= 240 + (1200-100) + 1.6 \times 35 \times 12$$
$$= 240 + 1772$$
$$= 2012$$

根数:

$$N = 排数 \times [(墙净长-50\times2)/间距+1]$$
$$= 2 \times [(5200-50\times2)/200+1] = 2 \times 27$$
$$= 54$$

(2) 中间层:

一层:

竖向钢筋:

$$L = 层高 + 上面搭接长度 \, l_{lE}$$
$$= 3200 + 1.6 \times l_{aE}$$
$$= 3200 + 1.6 \times 35 \times 12 = 3872$$

根数:

$$N = 排数 \times [(墙净长-50\times2)/间距+1]$$
$$= 2 \times [(5200-50\times2)/200+1]$$
$$= 2 \times 27$$
$$= 54$$

(3) 一层:

水平钢筋:

$$L = 左端柱长度 - 保护层 + 墙净长 + 左端柱长度 - 保护层 + 2 \times 弯折$$
$$= (400 - 15) + 5200 + (400 - 15) + 2 \times 15d$$
$$= 5970 + 2 \times 15 \times 12$$
$$= 5970 + 180 + 180$$
$$= 6330$$

根数：

$$N = 排数 \times (墙净高 / 间距 + 1)$$
$$= 2 \times [(3200 - 100)/200 + 1]$$
$$= 2 \times 17$$
$$= 34$$

（4）一层：

拉筋：

$$L = 墙厚 - 2 \times 保护层厚度 + 2 \times 直径$$
$$= 300 - 2 \times 15 + 2 \times 6 = 282$$

根数：

$$N = (墙高 / 间距) \times (墙净长 / 间距)$$
$$= [(3200 - 100)/200] \times (5200/200)$$
$$= 403$$

二层同一层

（5）顶层：

竖向钢筋：

$$L = 层高 - 保护层 + (L_{aE} - 板厚 + 保护层)$$
$$= 3200 - 15 + (35 \times 12 - 100 + 15)$$
$$= 3185 + 335$$
$$= 3520$$

根数同中间层：

$$N = 54$$

水平筋和拉筋同中间层。

习 题

1. 请将下表填写完整。

构件名称	墙		扶壁柱		构造边缘构件
构件代号		LL		LLk	

2. 试计算剪力墙洞口补强纵筋的长度。已知洞口表标注为 JD5 1800×2100 1.800 6 Φ 20 φ8 @ 150，其中，剪力墙厚 300mm，混凝土强度等级为 C25，纵向钢筋 HRB400 级钢筋，墙身水平分布筋和垂直分布筋均为 Φ12@250。

7 梁 构 件

7.1 梁构件平法识图

7.1.1 《16G101》梁构件平法识图学习方法

1. 梁构件的分类

梁构件的分类如图 7-1-1 所示。

2. 梁构件平法识图知识体系

梁构件的识图规则知识体系如图 7-1-2 所示。

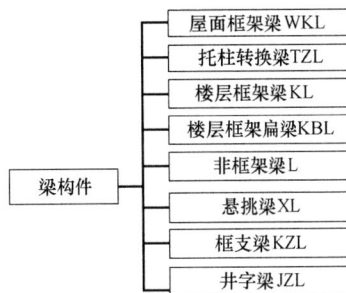

```
              ┌─ 屋面框架梁WKL
              ├─ 托柱转换梁TZL
              ├─ 楼层框架梁KL
              ├─ 楼层框架扁梁KBL
    梁构件 ────┤
              ├─ 非框架梁L
              ├─ 悬挑梁XL
              ├─ 框支梁KZL
              └─ 井字梁JZL
```

图 7-1-1 梁构件的分类

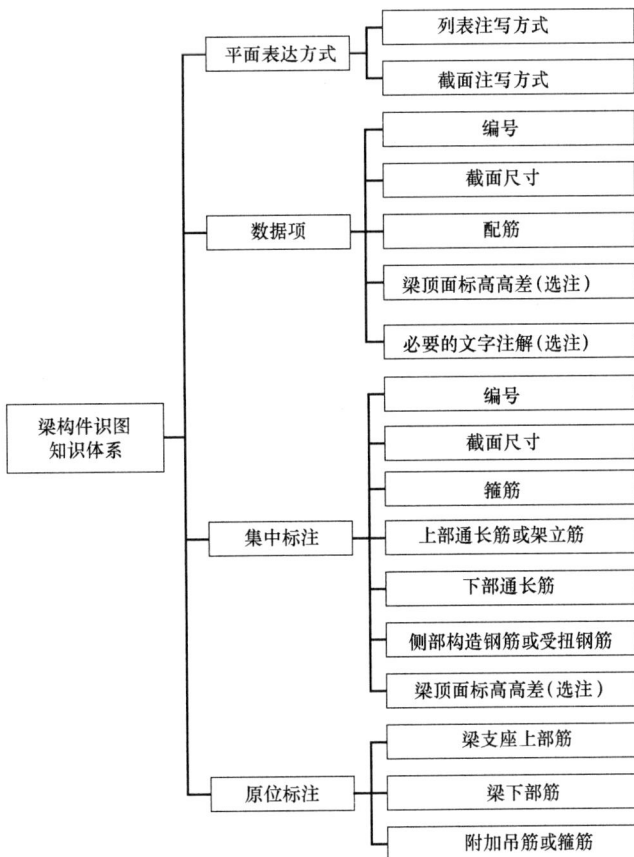

```
                        ┌─ 平面表达方式 ─┬─ 列表注写方式
                        │               └─ 截面注写方式
                        │
                        │               ┌─ 编号
                        │               ├─ 截面尺寸
                        ├─ 数据项 ───────┼─ 配筋
                        │               ├─ 梁顶面标高高差（选注）
                        │               └─ 必要的文字注解（选注）
    梁构件识图           │
    知识体系 ───────────┤               ┌─ 编号
                        │               ├─ 截面尺寸
                        │               ├─ 箍筋
                        ├─ 集中标注 ─────┼─ 上部通长筋或架立筋
                        │               ├─ 下部通长筋
                        │               ├─ 侧部构造钢筋或受扭钢筋
                        │               └─ 梁顶面标高高差（选注）
                        │
                        │               ┌─ 梁支座上部筋
                        └─ 原位标注 ─────┼─ 梁下部筋
                                        └─ 附加吊筋或箍筋
```

图 7-1-2 梁构件平法识图知识体系

7.1.2 梁构件平法识图

1. 梁构件的平法表达方式（平面注写方式）

梁构件的平法表达方式分"平面注写方式"和"截面注写方式"两种，平面注写方式在实际工程中应用较广，故本书主要讲解平面注写方式。

梁构件的平面注写方式，系在梁平面布置图上，分别在不同编号的梁中各选一根梁，在其上注写截面尺寸及配筋具体数值的方式来表达梁平法施工图，见图7-1-3。

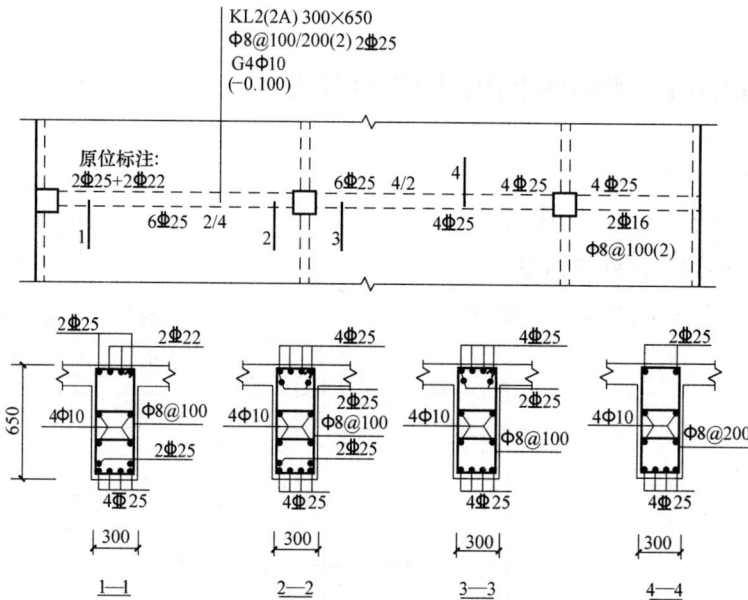

图 7-1-3　梁构件平面注写方式

梁构件的平面注写方式，包括"集中标注"和"原位标注"，见图7-1-4，"集中标注"表达梁的通用数值，"原位标注"表达梁的特殊数值。

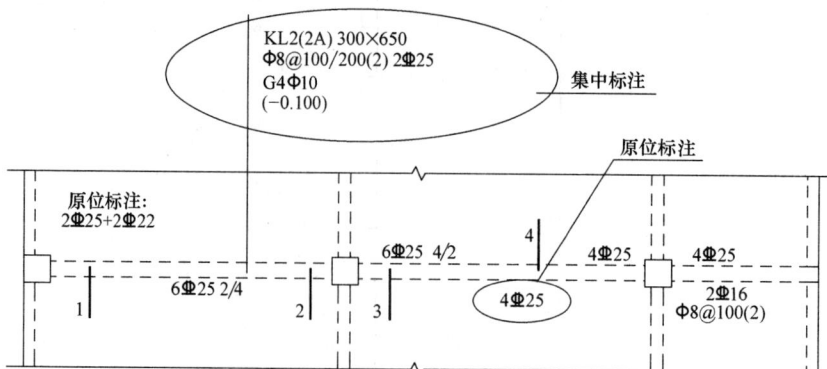

图 7-1-4　梁构件的集中标注与原位标注

2. 梁构件的识图方法

梁构件的平法识图方法，主要分为两个层次：

（1）第一个层次：通过梁构件的编号（包括其中注明的跨数），在梁平法施工图上，来识别是哪一根梁。

（2）第二个层次：就具体的一根梁，识别其集中标注与原位标注所表达的每一个符号的含义。

3. 梁构件集中标注识图

（1）梁构件集中标注示意图

梁构件集中标注包括编号、截面尺寸、箍筋、上部通长筋或架立筋、下部通长筋、侧部构造或受扭钢筋这五项必注内容及一项选注值（集中标注可以从梁的任意一跨引出），如图7-1-5所示。

（2）梁构件编号表示方法

梁构件集中标注的第一项必注值为梁编号，由"梁类型代号"、"序号"、"跨数及有无悬挑代号"三项组成，见图7-1-6。

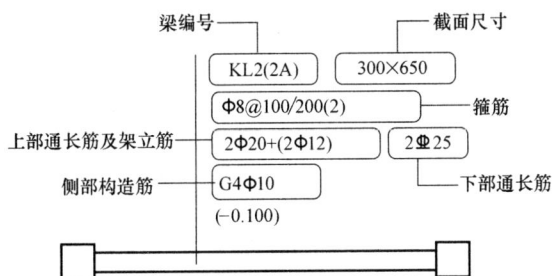

图 7-1-5 梁构件集中标注示意图

图 7-1-6 梁构件编号平法标注

梁编号中的"梁类型代号"、"序号"、"跨数及有无悬挑代号"三项符号的具体表示方法，见表7-1-1所示。

梁构件编号识图 　　　　　　　　　　　　　　　表 7-1-1

代　号	序　号	跨数及是否带有悬挑
KL：楼层框架梁	用数字序号表示顺序号	（××）：表示端部无悬挑,括号内的数字表示跨数
KBL：楼层框架扁梁		
WKL：屋面框架梁		
L：非框架梁		（××A）：表示一端有悬挑
KZL：框支梁		
TZL：托柱转换梁		
JZL：井字梁		（××B）：表示两端有悬挑,悬挑不计入跨数
XL：悬挑梁		

注：1. 楼层框架扁梁节点核心区代号 KBH。

2. 非框架梁 L、井字梁 JZL 表示端支座为铰接；当非框架梁 L、井字梁 JZL 端支座上部纵筋为充分利用钢筋的抗拉强度时，在梁代号后加"g"。

【**例**】 KL7（5A）表示第 7 号框架梁，5 跨，一端有悬挑；

L9（7B）表示第 9 号非框架梁，7 跨，两端有悬挑。

Lg7（5）表示第 7 号非框架梁，5 跨，端支座上部纵筋为充分利用钢筋的抗拉强度。

（3）梁构件截面尺寸识图

梁构件集中标注的第二项必注值为截面尺寸，平法识图见表 7-1-2。

梁构件截面尺寸识图 表 7-1-2

情　况		表 示 方 法	说明及识图要点
等截面		$b \times h$	宽×高，注意梁高是指含板厚在内的梁高度
加腋梁	竖向加腋梁	$b \times h \mathrm{Y} c_1 \times c_2$	c_1 表示腋长，c_2 表示腋高
	水平加腋梁	$b \times h\ \mathrm{PY} c_1 \times c_2$	c_1 表示腋长，c_2 表示腋宽
悬挑变截面		$b \times h_1 / h_2$	h_1 为悬挑根部高度，h_2 为悬挑远端高度 $b \times h_1 / h_2$ 如：300×700/500

情　况	表 示 方 法	说明及识图要点
异形截面梁	绘制断面图 表达异形截面尺寸	

（4）梁构件箍筋识图

梁构件的第三项必注值为箍筋。

梁箍筋，包括钢筋级别、直径、加密区与非加密区间距及肢数，该项为必注值。箍筋加密区与非加密区的不同间距及肢数需用斜线"/"分隔；当梁箍筋为同一种间距及肢数时，则不需用斜线；当加密区与非加密区的箍筋肢数相同时，则将肢数注写一次；箍筋肢数应写在括号内。加密区范围见相应抗震等级的标准构造详图。

【例】 Φ10@100/200（4），表示箍筋为 HPB300 钢筋，直径为 10，加密区间距为100，非加密区间距为200，均为四肢箍。

Φ8@100（4）/150（2），表示箍筋为 HPB300 钢筋，直径为 8，加密区间距为 100，四肢箍；非加密区间距为 150，两肢箍。

非框架梁、悬挑梁、井字梁采用不同的箍筋间距及肢数时，也用斜线"/"将其分隔开来。注写时，先注写梁支座端部的箍筋（包括箍筋的箍数、钢筋级别、直径、间距与肢数），在斜线后注写梁跨中部分的箍筋间距及肢数。

【例】 13Φ10@150/200（4），表示箍筋为 HPB300 钢筋，直径为 10；梁的两端各有13 个四肢箍，间距为 150；梁跨中部分间距为 200，四肢箍。

18Φ12@150（4）/200（2），表示箍筋为 HPB300 钢筋，直径为 12；梁的两端各有 18个四肢箍，间距为 150；梁跨中部分间距为 200，双肢箍。

在各类梁构件中，梁构件设置箍筋加密区，其他梁构件不设箍筋加密区，见表 7-1-3。

梁构件的箍筋识图　　　　　　　　　　　　表 7-1-3

情　　况		箍筋表示基本方法	识　　图
设箍筋加密区的梁构件	KL、WKL	Φ10@100/200(4)	加密区间距为100，非密区间距为200，均为四肢箍
	框支梁 KZL		如果加密区和非加密区，箍筋肢数不同，分别表示：Φ10@100(4)/200(2)
不设箍筋加密区的梁构件	非框架梁 L、悬挑梁 XL、井字梁 JZL	箍筋有两种情况： (1) Φ10@200(2) (2) 13Φ10@150/200(4)。两端各有 13 个间距 150 的四肢箍，梁跨中部分间距为200，四肢箍	这些不设箍筋加密区的梁构件，一般只有一种箍筋间距；如果设两种箍筋间距，先注写梁支座端部的箍筋，在斜线后注写梁跨中部分的箍筋间距及肢数

（5）上部通长筋（或架立筋）标注方法

梁构件的上部通长筋或架立筋配置（通长筋可为相同或不通知经采用搭接连接、机械连接或焊接的钢筋），所注规格与根数应根据结构受力要求及箍筋肢数等构造要求而定。当同排纵筋中既有通长筋又有架立筋时，应用加号"＋"将通长筋和架立筋相连。注写时需将角部纵筋写在加号的前面，架立筋写在加号后面的括号内，以示不同直径及与通长筋的区别。当全部采用架立筋时，则将其写入括号内。

【例】 2Φ22 用于双肢箍；2Φ22＋（4Φ12）用于六肢箍，其中 2Φ22 为通长筋，4Φ12 为架立筋。

（6）下部通长筋标注方法

当梁的上部纵筋和下部纵筋为全跨相同，且多数跨配筋相同时，此项可加注下部纵筋的配筋值，用分号"；"将上部与下部纵筋的配筋值分隔开来表达。

【例】 3Φ22；3Φ20 表示梁的上部配置 3Φ22 的通长筋，梁的下部配置 3Φ20 的通长筋。

注意：集中标注中少数跨不同，则将该项数值原位标注。

（7）侧部构造钢筋或受扭钢筋

当梁腹板高度向，≥450mm 时，需配置纵向构造钢筋，所注规格与根数应符合规范规定。此项注写值以大写字母 G 打头，接续注写设置在梁两个侧面的总配筋值，且对称配置。

【例】 G4Φ12，表示梁的两个侧面共配置 4Φ12 的纵向构造钢筋，每侧各配置 2Φ12。

当梁侧面需配置受扭纵向钢筋时，此项注写值以大写字母 N 打头，接续注写配置在梁两个侧面的总配筋值，且对称配置。受扭纵向钢筋应满足梁侧面纵向构造钢筋的间距要求，且不再重复配置纵向构造钢筋。

【例】 N6Φ22，表示梁的两个侧面共配置 6Φ22 的受扭纵向钢筋，每侧各配置 3Φ22。

注：1. 当为梁侧面构造钢筋时，其搭接与锚固长度可取为 $15d$。

2. 当为梁侧面受扭纵向钢筋时，其搭接长度为 l_1 或 l_{lE}。

锚固长度为 l_a 或 l_{aE}；其锚固方式同框架梁下部纵筋。

（8）梁顶面标高标差

梁顶面标高高差，系指相对于结构层楼面标高的高差值，对于位于结构夹层的梁，则指相对于结构夹层楼面标高的高差。有高差时，需将其写入括号内，无高差时不注。

注：当某梁的顶面高于所在结构层的楼面标高时，其标高高差为正值，反之为负值。

【例】 某结构标准层的楼面标高为 44.950m 和 48.250m，当这两个标准层中某梁的梁顶面标高高差注写为（－0.050）时，即表明该梁顶面标高分别相对于 44.950m 和 48.250m 低 0.05m。

4. 梁构件原位标注识图

（1）梁支座上部纵筋，该部位含通长筋在内的所有纵筋

1）认识梁构件支座上部纵筋

梁支座上部纵筋，是指标注该位置的所有纵筋，包括已集中标注的上部通长筋，见图 7-1-7。

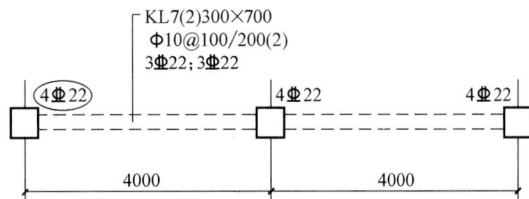

图 7-1-7　认识梁支座上部纵筋

注：4Φ22 是指该位置共有 4 根直径 22 的钢筋，其中包括集中标注中的上部通长筋，另外 1 根就是支座负筋。

2）梁支座上部纵筋识图

梁支座上部纵筋识图，见表 7-1-4。

梁支座上部纵筋识图　　　　　　　　　　　　　　　　　　表 7-1-4

图　例	识　图	标准说明
	上下两排，上排 4Φ25 是上部通长筋，下排 2Φ25 是支座负筋	当上部纵筋多于一排时，用斜线"/"将各排纵筋自上而下分开
	中间支座两边配筋均为上下两排，上排 4Φ25 是上部通长筋，下排 2Φ25 是支座负筋	当梁中间支座两边的上部纵筋相同时，可仅在支座的一边标注，另一边省去不注
	图中，2 支座左侧标注 4Φ25 全部是通长筋，右侧的 6Φ25，上排 4 根为通筋，下排 2 根为支座负筋	中间支座两边配筋不同，须在支座两边分别标注
	其中 2Φ25 是集中标注的上部通长筋，2Φ20 是支座负筋	当同排纵筋有两种直径时，用"+"将两种直径的纵筋相连，注写时角筋写在前面

（2）原位标注下部钢筋表示方法

1）当下部纵筋多于一排时，用斜线"/"将各排纵筋自上而下分开。

【例】 梁下部纵筋注写为 6Φ25 2/4，则表示上一排纵筋为 2Φ25，下一排纵筋为 4Φ25，全部伸入支座。

2）当同排纵筋有两种直径时，用加号"＋"将两种直径的纵筋相连，注写时角筋写在前面。

3）当梁下部纵筋不全部伸入支座时，将梁支座下部纵筋减少的数量写在括号内。

【例】 梁下部纵筋注写为 6Φ25 2(－2)/4，则表示上排纵筋为 2Φ25，且不伸入支座；下一排纵筋为 4Φ25，全部伸入支座。

梁下部纵筋注写为 2Φ25＋3Φ22 (－3)/5Φ25，表示上排纵筋为 2Φ25 和 3Φ22，其中 3Φ22 不伸入支座；下一排纵筋为 5Φ25，全部伸入支座。

4）当梁的集中标注中已分别注写了梁上部和下部均为通长的纵筋值时，则不需在梁下部重复做原位标注。

5）当梁设置竖向加腋时，加腋部位下部斜纵筋应在支座下部以 Y 打头注写在括号内（图 7-1-8），本图集中框架梁竖向加腋结构适用于加腋部位参与框架梁计算，其他情况设计者应另行给出构造。当梁设置水平加腋时，水平加腋内上、下部斜纵筋应在加腋支座上部以 Y 打头注写在括号内，上下部斜纵筋之间用"/"分隔（图 7-1-9）。

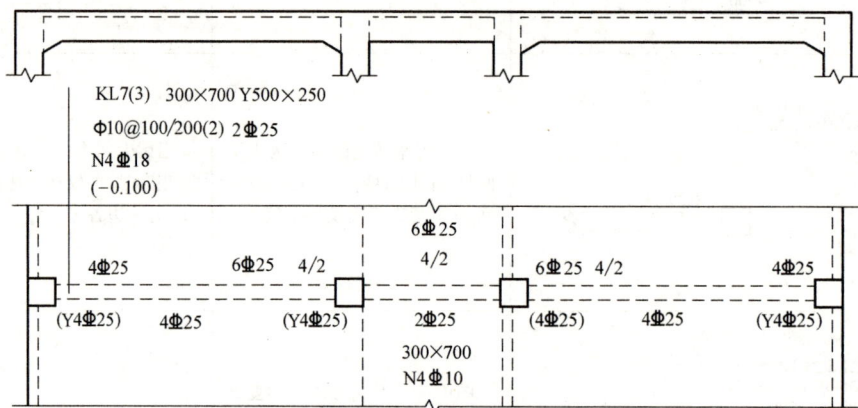

图 7-1-8　梁加腋平面注写方式表达示例

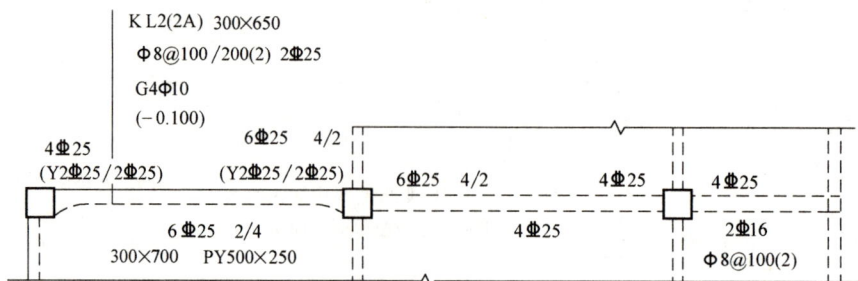

图 7-1-9　梁水平加腋平面注写方式表达示例

（3）原位标注修正内容

当在梁上集中标注的内容（即梁截面尺寸、箍筋、上部通长筋或架立筋，梁侧面纵向构造钢筋或受扭纵向钢筋，以及梁顶面标高高差中的某一项或几项数值）不适用于某跨或某悬挑部分时，则将其不同数值原位标注在该跨或该悬挑部位，施工时应按原位标注数值取用。

当在多跨梁的集中标注中已注明加腋，而该梁某跨的根部却不需要加腋时，则应在该跨原位标注等截面的 $b \times h$，以修正集中标注中的加腋信息（图7-1-8）。

（4）附加箍筋或吊筋

主、次梁交叉位置，次梁支撑在主梁上，因此应在主梁上配置附加箍筋或附加吊筋，平法标注是将其直接画在平面图中的主梁上，用线引注总配筋值（附加箍筋的肢数注在括号内）（图7-1-10）。当多数附加箍筋或吊筋相同时，可在梁平法施工图上统一注明，少数与统一注明值不同时，再原位引注。

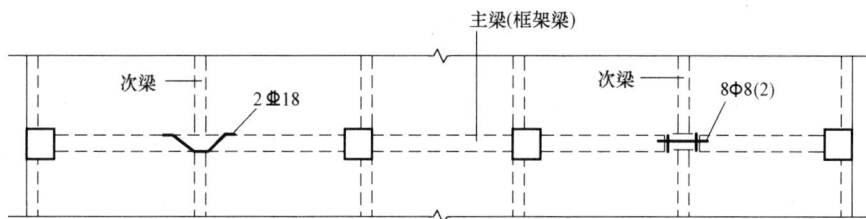

图7-1-10　附加箍筋和吊筋的画法示例

1）附加箍筋

附加箍筋的平法标注，见图7-1-11，表示每边各加3根，共6根附加箍筋，2肢箍。

通常情况下，在主次梁相交，附加箍筋构造和附加吊筋构造只取其中之一，一般同时采用。

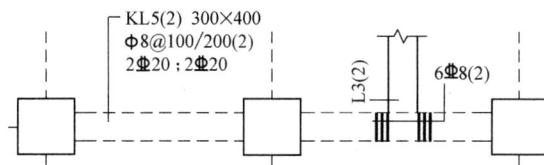

图7-1-11　附加箍筋平法标注

2）附加吊筋

附加吊筋的平法标注，见图7-1-12，表示2根直径14的吊筋。

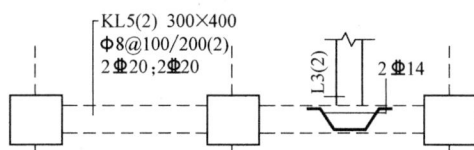

图7-1-12　附加吊筋平法标注

3）悬挑端配筋信息

悬挑端若与梁集中标注的配筋信息不同，则在原位进行标注，见图 7-1-13。

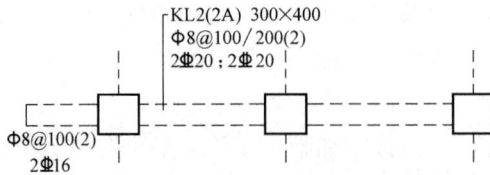

图 7-1-13　悬挑端配筋信息

7.2　梁构件钢筋构造

本节主要介绍梁构件的钢筋构造，即梁构件的各种钢筋在实际工程中可能出现的各种构造情况。梁构件的钢筋构造，按构件组成、钢筋组成的思路可将梁构件的钢筋的知识体系总结为图 7-2-1 所示的内容。

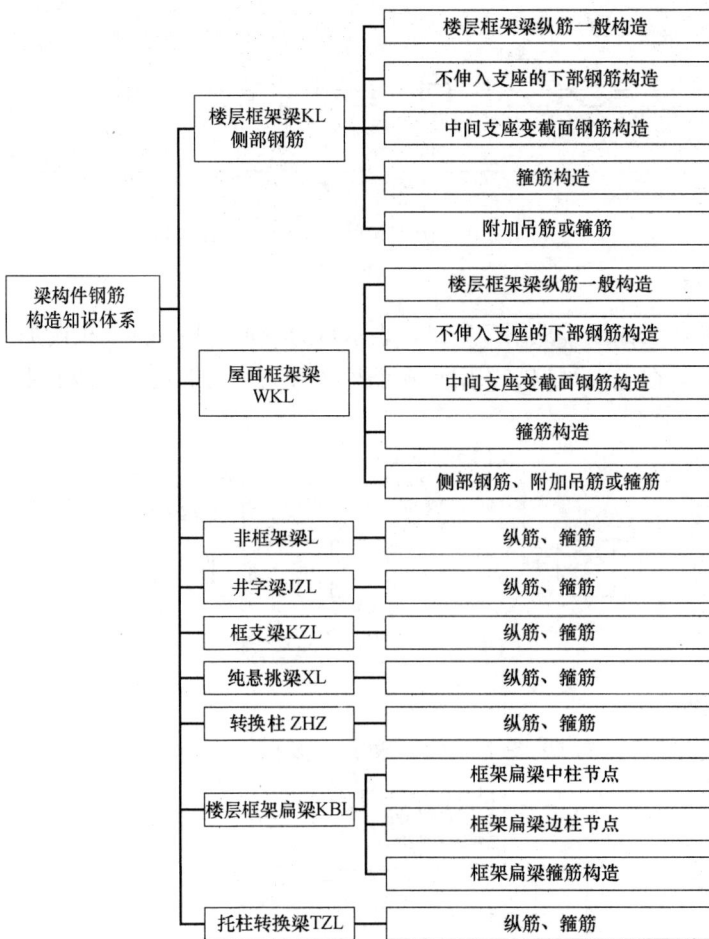

图 7-2-1　梁构件钢筋构造知识体系

　　说明：本节主要讲解楼层框架梁 KL，其余梁 WKL、KZL、KBL、TZL、XL、JZL、L 只针对重点注意部分进行讲解。

7.2.1 梁构件的钢筋骨架

　　梁构件的钢筋骨架中具体钢筋种类，见图 7-2-2。

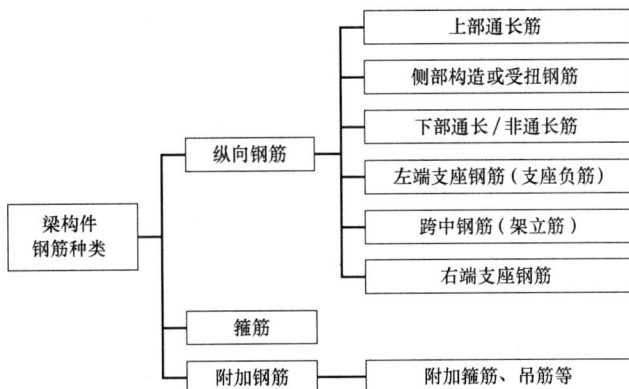

图 7-2-2 梁构件主要钢筋种类

7.2.2 楼层框架梁钢筋构造

1. 楼层框架梁钢筋骨架

楼层框架梁钢筋骨架，见图 7-2-3。

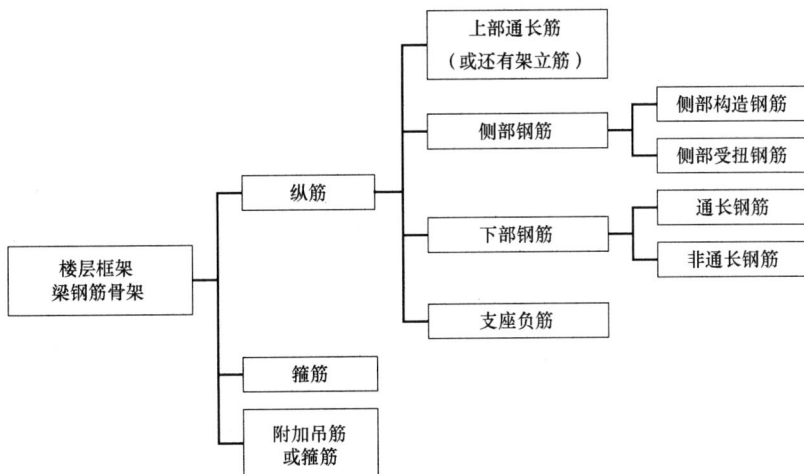

图 7-2-3 楼层框架梁钢筋骨架

2. 上部通长筋钢筋构造

（1）上部通长筋钢筋构造总述，见图 7-2-4。

（2）端支座锚固

上部通长筋端支座锚固，钢筋构造见表 7-2-1。

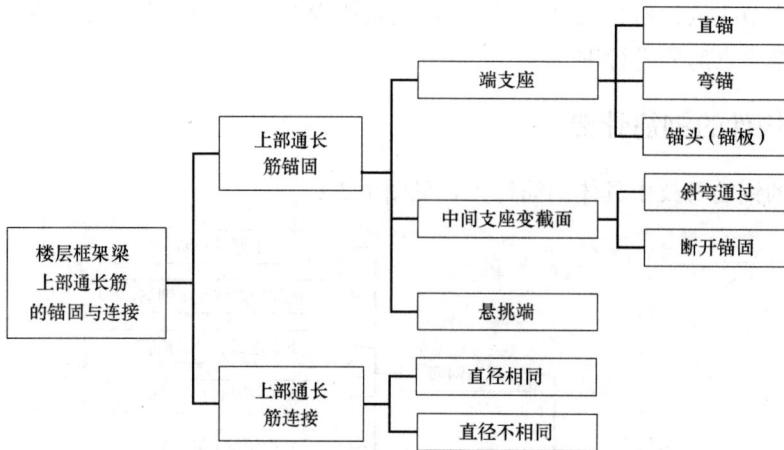

图 7-2-4 上部通长筋钢筋构造总述

上部通长筋端支座锚固构造　　　　　　　表 7-2-1

类　型	识　图	构造要点
端支座弯锚		支座宽度不够直锚时,采用弯锚,弯锚长度＝$h_c-c+15d$(h_c 为支座宽度,c 为保护层厚度)
端支座直锚		支座宽度够直锚时,采用直锚,直锚长度＝$\max(l_{aE},0.5h_c+5d)$

类　型	识　图	构造要点
端支座加锚头（锚板）锚固	伸至柱外侧纵筋内侧，且$\geqslant 0.4l_{abE}$ 伸至柱外侧纵筋内侧，且$\geqslant 0.4l_{abE}$	伸至柱外侧纵筋内侧，且$\geqslant 0.4l_{abE}$

（3）中间支座变截面

框架梁中间支座变截面，上部通长筋构造见表 7-2-2。

上部通长筋中间支座变截面构造识图　　　　　　　表 7-2-2

情　况	识　图	构造要点
$\Delta_h/(h_c-50)>1/6$	l_{aE}且$\geqslant 0.5h_c+5d$ $\geqslant 0.4l_{abE}$ （可直锚） $15d$ （可直锚） Δ_h h_c 锚固构造同上部钢筋 $\Delta_h/(h_c-50)>1/6$	上部通长筋断开
$\Delta_h/(h_c-50)\leqslant 1/6$	50 Δ_h Δ_h 50 h_c	上部通长筋斜弯通过

情　况	识　图	构造要点
梁宽度不同	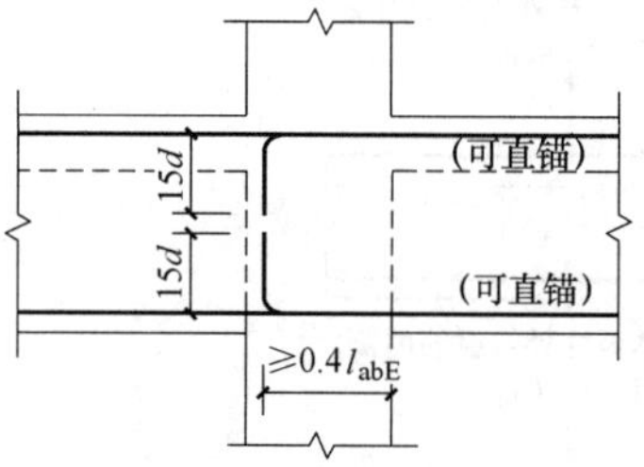	宽出的钢筋锚固：$h_c-c+15d$

（4）悬挑端

上部通长筋，悬挑端构造见表 7-2-3。

上部通长筋悬挑端构造　　　　　　　　　　　表 7-2-3

情　况	识　图	构造要点
$l<4h_b$	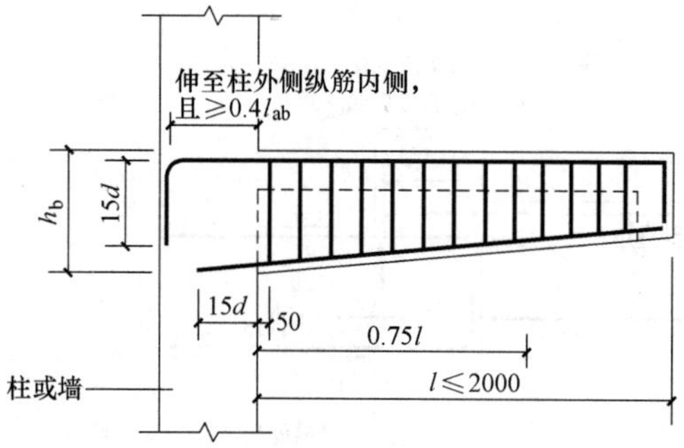	悬挑端净长度 $l<4h_b$，上部通长筋伸至远端下弯至梁底
$l\geqslant4h_b$	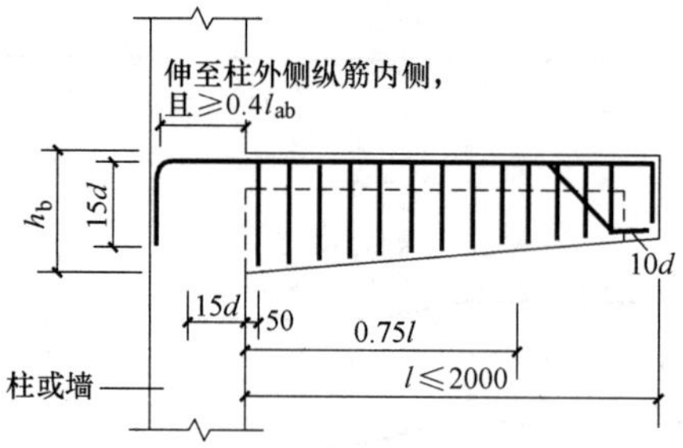	悬挑端净长度 $l\geqslant4h_b$：角筋伸至远端下弯至梁底；中部钢筋下弯（45°下弯，平直段长度 10d）

（5）上部通长筋连接（由不同直径的钢筋连接组成）

上部通长筋的连接分两种情况：

1）上部通长筋与非贯通钢筋直径相同时，连接位置宜位于跨中 1/3 的范围内；

2）上部通长筋与非贯通钢筋直径不相同时，通长筋与支座负筋搭接 l_{lE}，且在同一连接区段内钢筋接头面积百分率不宜大于 50%。如图 7-2-5 所示。

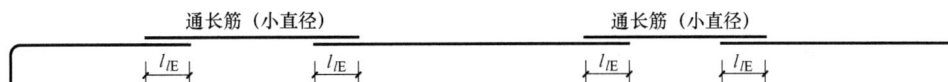

图 7-2-5 上部通长筋连接情况（上部通长筋与非贯通钢筋直径不相同）

3. 侧部钢筋构造

（1）侧部钢筋构造总述

见图 7-2-6。

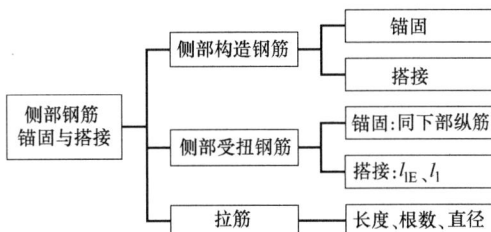

图 7-2-6 侧部钢筋构造总述

（2）侧部构造钢筋结构

侧部构造钢筋结构，见图 7-2-7。

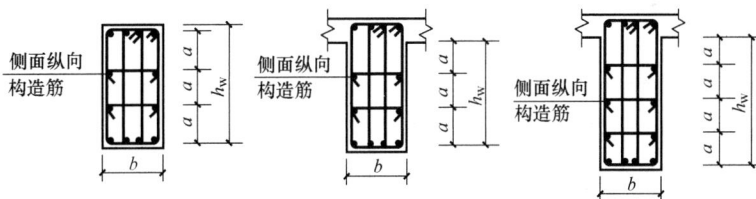

图 7-2-7 侧部构造钢筋结构

（3）侧部钢筋的拉筋构造

侧部钢筋的拉筋构造，见表 7-2-4。

侧部钢筋的拉筋构造　　　　　　　　　　　　　　　　　表 7-2-4

钢筋构造要点：		
拉筋紧靠箍筋并勾住纵筋	拉筋紧靠纵向钢筋并勾住箍筋	拉筋同时勾住箍筋和纵筋
直径：当梁宽≤350mm 时，拉筋直径为 6mm；当梁宽>350mm 时，拉筋直径为 8mm		
根数：箍筋非加密区间距的 2 倍		

4. 楼层框架梁下部钢筋构造

（1）下部钢筋锚固连接构造总述

1）通长与非通长下部钢筋

下部钢筋可分为通长筋和非通长筋两种情况，见表 7-2-5。

通长与非通长下部钢筋 表 7-2-5

类　　型	识　　图
下部通长筋	
下部非通长筋	

2）下部钢筋的锚固连接情况

楼层框架梁下部钢筋锚固连接情况，见图 7-2-8。

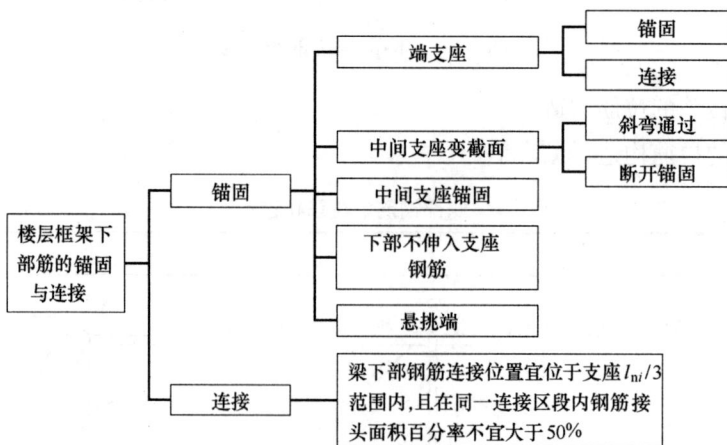

图 7-2-8　下部钢筋锚固连接构造

（2）中间支座锚固

楼层框架梁下部钢筋中间支座锚固构造，见图 7-2-9。

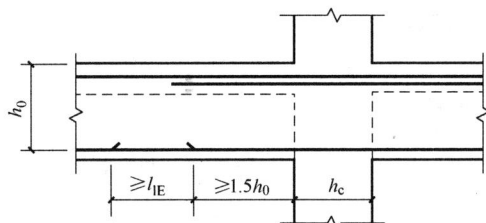

图 7-2-9 楼层框架梁下部钢筋中间支座锚固构造

（3）下部不伸入支座钢筋

楼层框架梁下部不伸入支座钢筋构造，见图 7-2-10。

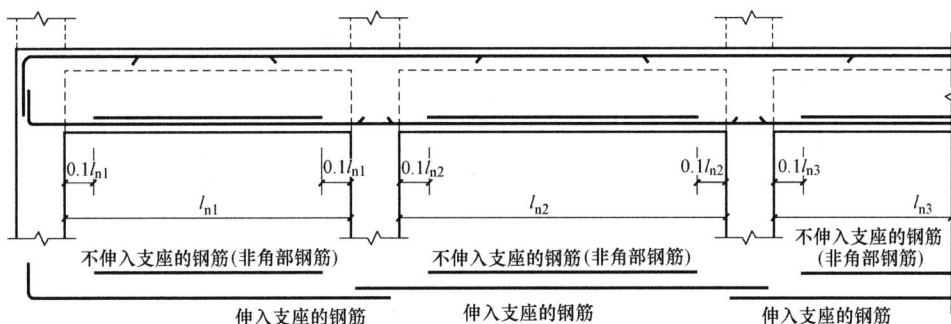

图 7-2-10 楼层框架梁下部不伸入支座钢筋构造

不伸入支座钢筋构造要点：下部不伸入支座钢筋，端部距支座边 $0.1l_n$（l_n 指本跨的净跨长度）。

（4）悬挑端下部钢筋

悬挑端下部钢筋构造，见图 7-2-11。

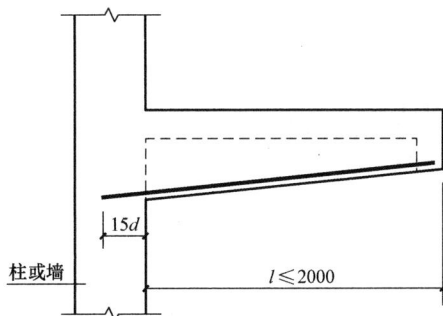

图 7-2-11 悬挑端下部钢筋构造

悬挑端下部钢筋构造要点：

1）一端伸至悬挑尽端；

2）另一端锚入支座 $15d$。

5. 楼层框架梁支座负筋构造

（1）支座负筋构造总述

支座负筋构造总述，见图 7-2-12。

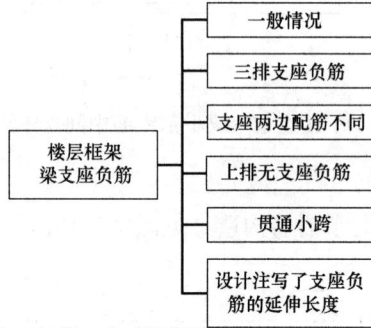

图 7-2-12　支座负筋构造总述

（2）支座负筋（一般情况）

支座负筋构造（一般情况），见图 7-2-13。

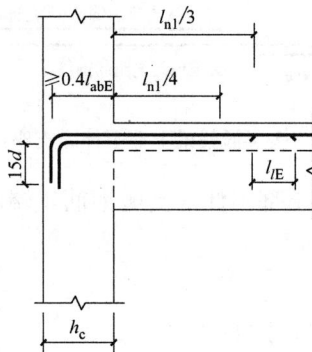

图 7-2-13　支座负筋构造（一般情况）

支座负筋钢筋构造要点：

1）支座负筋延伸长度从支座边起算；

2）上排支座负筋延伸长度 $l_{n1}/3$；

3）下排支座负筋延伸长度 $l_{n1}/4$；

4）l_{n1}：

端跨：本跨的净跨长；

中间跨：两邻两跨净跨长的较大值。

（3）三排支座负筋

三排支座负筋构造，见图 7-2-14。

三排支座负筋构造要点：

1）支座负筋延伸长度从支座边起算；

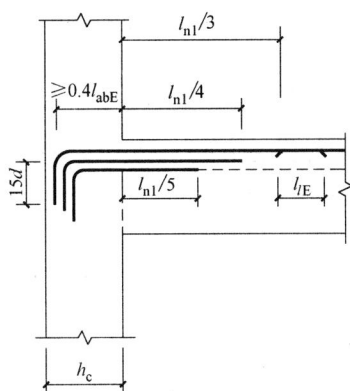

图 7-2-14　三排支座负筋构造

2）第一排支座负筋延伸长度 $l_{n1}/3$；

3）第二排下排支座负筋延伸长度 $l_{n1}/4$；

4）第二排下排支座负筋延伸长度 $l_{n1}/5$；

5）l_{n1}：

端跨：本跨的净跨长；

中间跨：相邻两跨净跨长的较大值。

（4）支座两边配筋不同

支座两边配筋不同构造，见图 7-2-15。

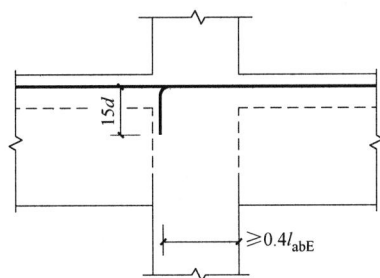

图 7-2-15　支座两边配筋不同构造

支座两边配筋不同构造要点：

多出的支座负筋在中间支座锚固，锚固长度同上部通长筋端支座锚固（弯锚 $h_c-c+15d$、直锚 $\max\ [l_{aE},\ 0.5h_c+5d]$）。

（5）上排无支座负筋

上排无支座负筋构造，见图 7-2-16。

上排无支座负筋构造要点：

当上排全部是通长筋时，第二排支座负筋的延伸长度取 $l_{n1}/3$，依此类推。

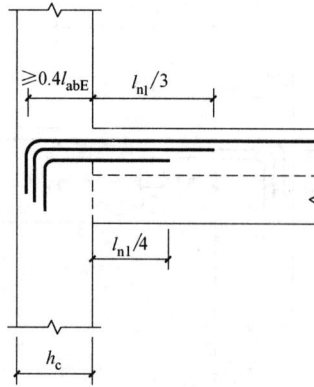

图 7-2-16 上排无支座负筋构造

6. 架立筋钢筋构造

架立筋钢筋构造，见图 7-2-17。

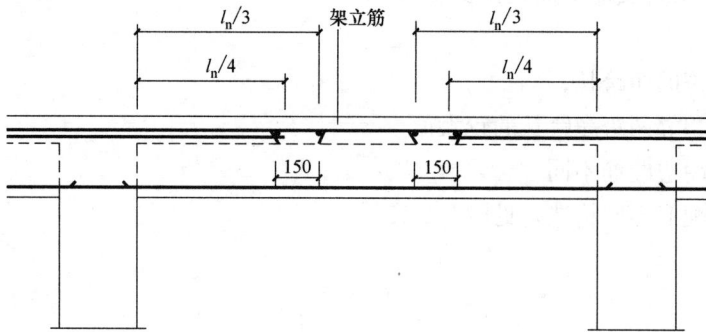

图 7-2-17 架立筋钢筋构造

架立筋钢筋构造要点：

架立筋与支座负筋搭接 150mm。

7. 箍筋

楼层框架梁箍筋构造，见图 7-2-18。

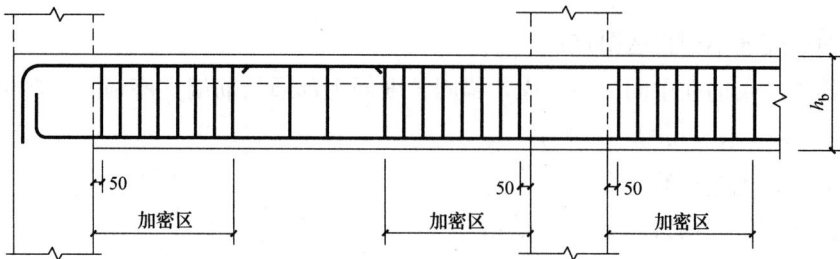

图 7-2-18 楼层框架梁箍筋构造

楼层框架梁箍筋构造要点：

(1) 箍筋长度＝$[(b-2\times c+d)+(h-2\times c+d)]\times 2+2\times 11.9d$

(2) 箍筋根数：

1) 起步距离 50mm；

2) 箍筋加密区长度：

抗震等级为一级：$\geqslant 2.0h_b$ 且$\geqslant 500mm$；

抗震等级为二～四级：$\geqslant 1.5h_b$ 且$\geqslant 500mm$。

8. 附加吊筋

附加吊筋构造，见图 7-2-19。

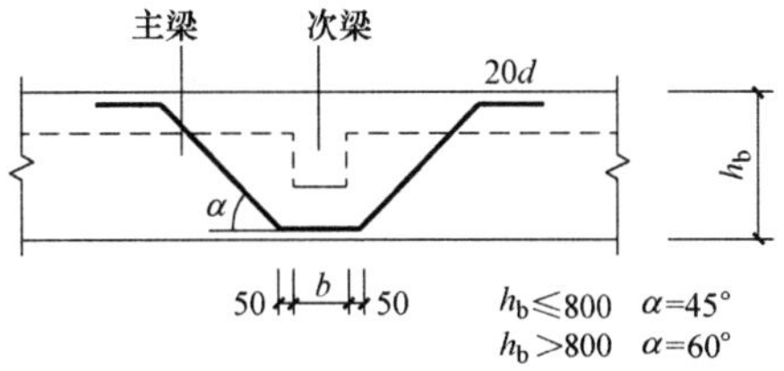

图 7-2-19　附加吊筋构造

附加吊筋构造要点：

(1) 吊筋直径、根数由设计标注。

(2) 吊筋高度按主梁高计算（而非次梁高）。

说明：在一个主次梁相交的位置，附加吊筋和附加箍筋中，只能选用一种加强的构造。

9. 附加箍筋

附加箍筋构造，见图 7-2-20。

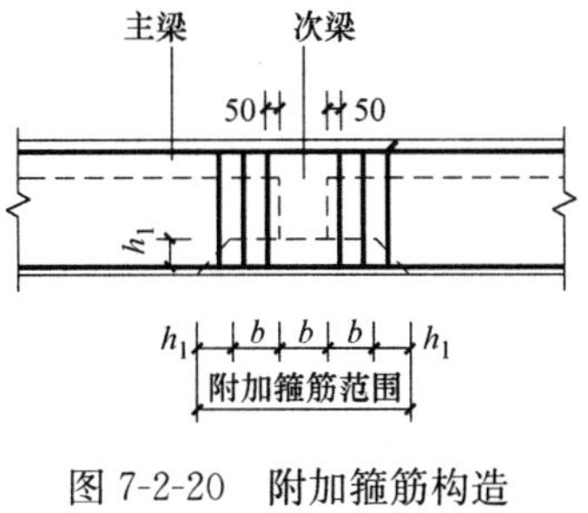

图 7-2-20　附加箍筋构造

附加箍筋构造要点：

(1) 附加箍筋布置范围内梁正常箍筋或加密区箍筋照设。

(2) 附加箍筋配筋值由设计标注。

(3) 附加箍筋是主梁箍筋正常布置的基础上，另外附加的箍筋。

7.2.3　屋面框架梁 WKL 钢筋构造

本节主要是以楼层框架 KL 钢筋构造为基础，讲解与之不同的其他梁构件的钢筋构造中重点需要注意的构造要点。

1. 楼层框架梁与屋面框架梁区别

KL 与 WKL 钢筋构造的主要区别：

（1）上部与下部纵筋锚固方式不同；

（2）上部与下部纵筋具体锚固长度不同；

（3）中间支座梁顶有高差时锚固不同。

2. 屋面框架梁上部纵筋端支座钢筋锚固构造

屋面框架梁上部纵筋端支座钢筋锚固构造，有两种构造做法。见表 7-2-6。

WKL 上部纵筋端支座钢筋锚固构造　　　　　　　　　　表 7-2-6

识　图	构　造　要　点
$1.5l_{abE}$　自梁底至柱纵筋断点 $15d$　　l_{lE} 伸至梁底，当加腋时伸至腋的根部 伸至梁纵筋弯钩内侧，且 $\geqslant 0.4l_{abE}$　$l_n/4$　$l_n/3$　h_c	（1）屋面框架梁上部纵筋支座无直锚构造，均需伸到柱对边下弯； （2）屋面框架梁上部纵筋伸至柱对边下弯，有两种构造，一是下弯至梁位置，二是下弯 $1.7l_{abE}$； （3）上述两种构造，根据实际情况进行选用，需要注意的是，无论选择哪种构造，相应的框架柱 KZ 柱顶构造就要与之配套
$12d$　$1.7l_{abE}$　$15d$　l_{lE} 伸至梁纵筋弯钩内侧，且 $\geqslant 0.4l_{abE}$　$l_n/4$　$l_n/3$　h_c	

3. 屋面框架梁下部纵筋端支座钢筋锚固构造

屋面框架梁下部纵筋端支座构造，见图 7-2-21 和图 7-2-22。

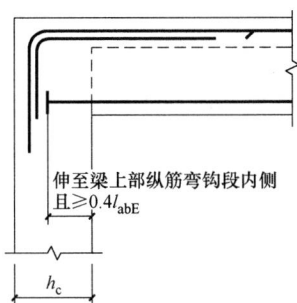

图 7-2-21 顶层端节点梁下部钢筋
端头加锚头（锚板）锚固

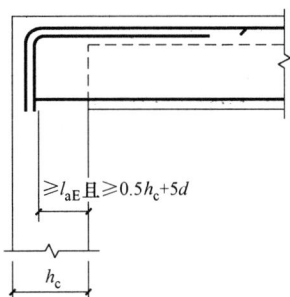

图 7-2-22 顶层端支座梁下部钢筋直锚

4. 中间支座变截面

WKL 中间支座变截面，见图 7-2-23。

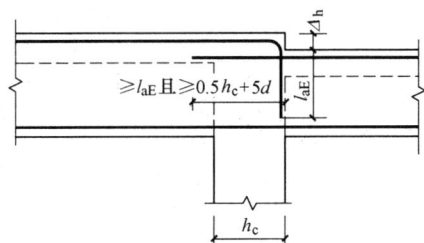

图 7-2-23 WKL 中间支座变截面钢筋构造

WKL 中间支座变截面钢筋构造要点：

若 Δ_h（梁顶高差）$/h_c \geqslant 1/6$，上部通长筋断开：

（1）高位钢筋锚固：$h_c - c$（保护层）$+ \Delta_h$（变截面高差）$+ 15d$

（2）低位钢筋锚固：$\max(l_{aE}, 0.5h_c + 5d)$

7.2.4 非框架梁 L 及井字梁 JZL 钢筋构造

1. 非框架梁 L 及井字梁 JZL 钢筋骨架

非框架 L 及井字梁 JZL 钢筋骨架知识体系，见图 7-2-24。

2. 上部钢筋端支座构造

上部钢筋端支座构造，见图 7-2-25。

上部钢筋端支座构造要点：

锚固长度为伸至柱对边弯折 $15d$

3. 中间支座变截面断开锚固构造

中间支座变截面断开锚固构造，见表 7-2-7。

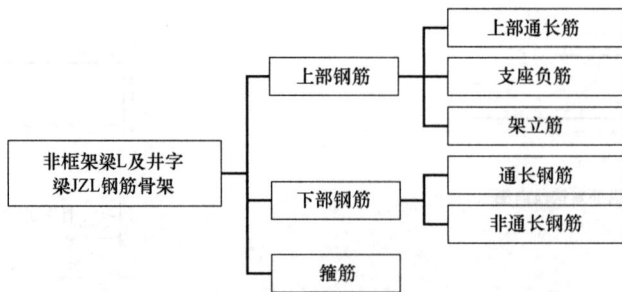

图 7-2-24 非框架梁 L 及井字梁 JZL 钢筋骨架

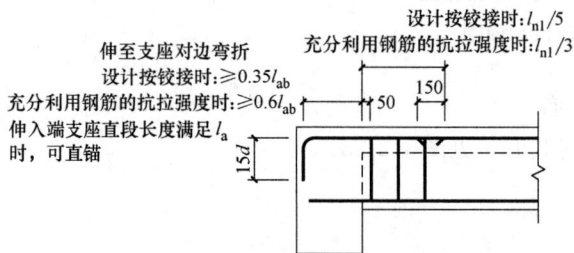

图 7-2-25 非框架梁 L 上部钢筋端支座构造

中间支座变截面断开锚固构造 表 7-2-7

类 型	识 图
支座两边纵筋互锚	
梁宽不同或错开布置	

4. 支座负筋、架立筋、下部钢筋、箍筋

支座负筋、架立筋、下部钢筋、箍筋构造，见图 7-2-26。

钢筋构造要点：

（1）支座负筋延伸长度端支座：$l_{n1}/5$（弧形梁为 $l_n/3$），中间支座：$l_{n1}/3$；

（2）l_n 取值：端支座取本跨净跨长，中间支座取相邻两跨较大的净跨长；

（3）架立筋与支座负筋搭接 150mm（弧形梁 l_l）；

（4）下部钢筋锚固：螺纹钢 $12d$，光圆钢 $15d$，弧形梁 l_a；

（5）箍筋没有加密区，如果端部采用不同间距的钢筋，注明根数。

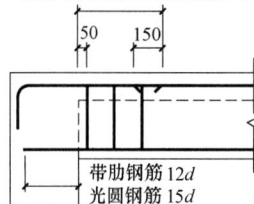

图 7-2-26　支座负筋、架立筋、下部钢筋、箍筋构造

7.3　梁构件钢筋实例计算

上一节讲解了梁构件的平法钢筋构造，本节就这些钢筋构造情况举实例计算。

本小节所有构件的计算条件，见表 7-3-1。

钢筋计算条件　　　　　　　　　　　　　　　表 7-3-1

计 算 条 件	值
混凝土强度	C30
抗震等级	一级抗震
纵筋连接方式	对焊（除特殊规定外,本书的纵筋钢筋接头只按定尺长度计算接头个数,不考虑钢筋的实际连接位置）
钢筋定尺长度	9000mm
h_c	柱宽
h_b	梁高

7.3.1　KL 钢筋计算实例

1. 平法施工图

KL1 平法施工图，见图 7-3-1。

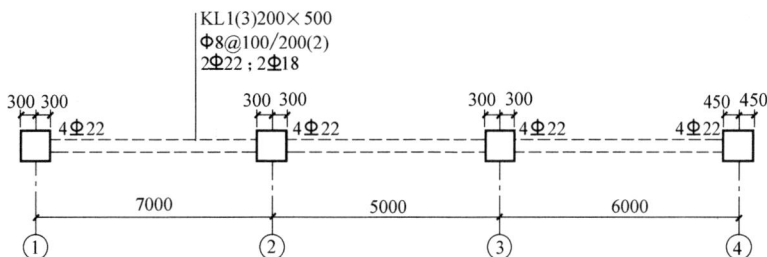

图 7-3-1　KL1 平法施工图

2. 钢筋计算

(1) 计算参数

① 柱保护层厚度 $c=20$mm；

② 梁保护层 $=20$mm；

③ $l_{aE}=34d$；

④ 双肢箍长度计算公式：$(b-2c)\times2+(h-2c)\times2+(1.9d+10d)\times2$；

⑤ 箍筋起步距离 $=50$mm。

(2) 钢筋计算过程

1）上部通长筋 $2\Phi22$

① 判断两端支座锚固方式：

左端支座 $600<l_{aE}$，因此左端支座内弯锚；右端支座 $900>l_{aE}$，因此右端支座内直锚。

② 上部通长筋长度：

$=7000+5000+6000-300-450+(600-20+15d)+\max(34d,300+5d)$

$=7000+5000+6000-300-450+(600-20+15\times22)+\max(34\times22,300+5\times22)$

$=18908$mm

接头个数 $=18908/9000-1=2$ 个

2）支座 1 负筋 $2\Phi22$

① 左端支座锚固同上部通长筋；跨内延伸长度 $l_n/3$

② 支座负筋长度 $=600-20+15d+(7000-600)/3$

$=600-20+15\times22+(7000-600)/3=3044$mm

3）支座 2 负筋 $2\Phi22$

长度 $=$ 两端延伸长度 $+$ 支座宽度 $=2\times(7000-600)/3+600=4867$mm

4）支座 3 负筋 $2\Phi22$

长度 $=$ 两端延伸长度 $+$ 支座宽度 $=2\times(6000-750)/3+600=4100$mm

5）支座 4 负筋 $2\Phi22$

支座负筋长度

$=$ 右端支座锚固同上部通长筋 $+$ 跨内延伸长度 $l_n/3$

$=\max(34\times22,300+5\times22)+(6000-750)/3=2498$mm

6）下部通长筋 $2\Phi18$

① 判断两端支座锚固方式：

左端支座 $600<l_{aE}$，因此左端支座内弯锚；右端支座 $900>l_{aE}$，因此右端支座内直锚。

② 下部通长筋长度：

$=7000+5000+6000-300-450+(600-20+15d)+\max(34d,300+5d)$

$=7000+5000+6000-300-450+(600-20+15\times18)+\max(34\times18,300+5\times18)$

$=18712$mm

接头个数 $=18712/9000-1=2$ 个

7）箍筋长度

$$箍长度=(b-2c)\times 2+(h-2c)\times 2+(1.9d+10d)\times 2$$
$$=(200-2\times 20)\times 2+(500-2\times 20)\times 2+2\times 11.9\times 8=1431mm$$

8）每跨箍筋根数

① 箍筋加密区长度$=2\times 500=1000mm$

② 第一跨$=21+21=42$根

加密区根数$=2\times[(1000-50)/100+1]=21$根

非加密区根数$=(7000-600-2000)/200-1=21$根

③ 第二跨$=21+11=32$根

加密区根数$=2\times[(1000-50)/100+1]=21$根

非加密区根数$=(5000-600-2000)/200-1=11$根

④ 第三跨$=21+16=37$根

加密区根数$=2\times[(1000-50)1100+1]=21$根

非加密区根数$=(6000-750-2000)/200-1=16$根

⑤ 总根数$=42+32+37=111$根

7.3.2 WKL 钢筋计算实例

1. 平法施工图

WKL1 平法施工图，见图 7-3-2。

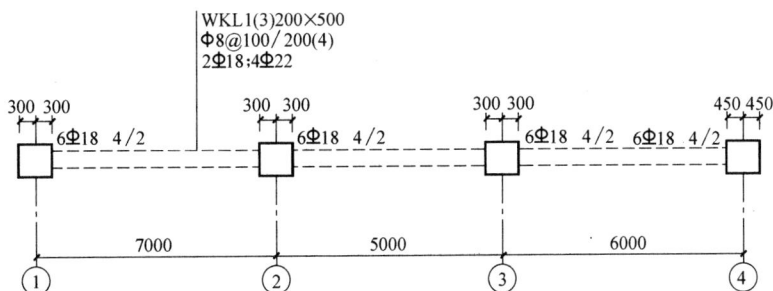

图 7-3-2 WKL1 平法施工图

2. 钢筋计算

（1）计算参数

① 柱保护层厚度 $c=20mm$；

② 梁保护层$=20mm$；

③ $l_{aE}=34d$；

④ 双肢箍长度计算公式：$(b-2c)\times 2+(h-2c)\times 2+(1.9d+10d)\times 2$；

⑤ 箍筋起步距离$=50mm$；

⑥ 锚固方式：采用"梁包柱"锚固方式。

（2）钢筋计算过程

1）上部通长筋 2Φ18

① 按梁包柱锚固方式，两端均伸至端部下弯 $1.7l_{aE}$

②上部通长筋长度：

$=7000+5000+6000+300+450-40+2\times1.7l_{aE}$

$=7000+5000+6000+300+450-40+2\times1.7\times34\times18$

$=20791mm$

③ 接头个数$=20791/9000-1=2$个

2）支座 1 负筋上排 2Φ18 下排 2Φ18

① 上排支座负筋长度$=1.7l_{aE}+(7000-600)/3+600-20$

$=1.7\times34\times18+(7000-600)/3+600-20=3754mm$

② 下排支座负筋长度$=1.7l_{aE}+(7000-600)/4+600-20$

$=1.7\times34\times18+(7000-600)/4+600-20=3221mm$

3）支座 2 负筋上排 2Φ18 下排 2Φ18

① 上排支座负筋长度$=2\times(7000-600)/3+600=4867mm$

② 下排支座负筋长度$=2\times(7000-600)/4+600=3800mm$

4）支座 3 负筋上排 2Φ18 下排 2Φ18

① 上排支座负筋长度$=2\times(6000-750)/3+600=4100mm$

② 下排支座负筋长度$=2\times(6000-750)/4+600=3225mm$

5）支座 4 负筋上排 2Φ18 下排 2Φ18

① 上排支座负筋长度$=1.7l_{aE}+(6000-750)/3+900-20$

$=1.7\times34\times18+(6000-750)/3+900-20=3671mm$

② 下排支座负筋长度$=1.7l_{aE}+(6000-750)/4+900-20$

$=1.7\times34\times18+(6000-750)/4+900-20=3233mm$

6）下部通长筋 4Φ22

① 上部通长筋长度$=7000+5000+6000+300+450-40+2\times15d$

$=7000+5000+6000+300+450-40+2\times15\times22=19370mm$

② 接头个数$=19370/9000-1=2$个

7）箍筋长度（4 肢箍）

① 外大箍筋长度$=(200-2\times20)\times2+(500-2\times20)\times2+2\times11.9\times8$

$=1431mm$

② 里小箍筋长度$=2\times\{[(200-50)/3+20]+(500-40)\}+2\times11.9\times8$

$=1251mm$

8）每跨箍筋根数

① 箍筋加密区长度$=2\times500=1000mm$

② 第一跨$=21+21=42$根

加密区根数＝2×[(1000－50)/100＋1]＝21根

非加密区根数＝(7000－600－2000)/200－1＝21根

③ 第二跨＝21＋11＝32 根

加密区根数＝2×[(1000－50)/100＋1]＝21根

非加密区根数＝(5000－600－2000)/200－1＝11根

④ 第三跨＝21＋16＝37 根

加密区根数＝2×[(1000－50)/100＋1]＝21根

非加密区根数＝(6000－750－2000)/200－1＝16根

⑤ 总根数＝42＋32＋37＝111 根

7.3.3 L 钢筋计算实例

1. 平法施工图

L1 平法施工图，见图 7-3-3。

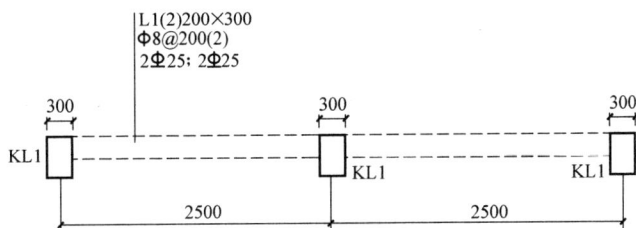

```
                    L1(2)200×300
                    Φ8@200(2)
                    2Φ25; 2Φ25
```

图 7-3-3　L1 平法施工图

2. 钢筋计算

（1）计算参数

① 梁保护层＝20mm；

② l_a＝34d；

③ 双肢箍长度计算公式：$(b-2c)×2+(h-2c)×2+(1.9d+10d)×2$；

④ 箍筋起步距离＝50mm。

（2）钢筋计算过程

1）上部钢筋 2Φ25

上部钢筋长度＝5000＋300－40＋2×15d＝5000＋300－40＋2×15×25＝6010mm

2）下部钢筋 2Φ25

上部钢筋长度＝5000－300＋2×12d＝5000－300＋2×12×25＝5300mm

3）箍筋长度（2 肢箍）

① 箍筋长度＝(200－2×20)×2＋(300－2×20)×2＋2×11.9×8＝1031mm；

② 第一跨根数＝(2500－300－50)/200＋1＝12 根；

③ 第二跨根数＝(2500－300－50)/200＋1＝12 根。

习　题

1. 请将下表填写完整。

构件名称	楼层框架梁		框支梁		井字梁
构件代号		KBL		TZL	

2. 描述下图所示钢筋的含义。

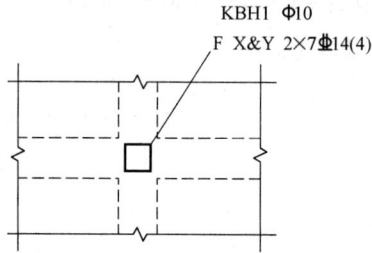

8 板 构 件

8.1 板构件平法识图

8.1.1 《16G101》板构件平法识图学习方法

1. 板构件的分类

（1）从板所在标高位置，可以将板分为楼板和屋面板，楼板和屋面板的平法表达方式及钢筋构造相同，都简称板构件。

（2）根据板的组成形式，可以分为有梁楼盖板和无梁楼盖板。

无梁楼盖板是由柱直接支撑板的一种楼盖体系，在柱与板之间，根据情况设计柱帽。

（3）根据板的平面位置，可以将板分为普通板、悬挑板。

2. 板构件平法识图知识体系

板构件的制图规则，知识体系如图 8-1-1 所示。

8.1.2 有梁楼盖板平法识图

1. 板构件的平法表达方式

板构件的平法表达方式为平面表达方式，与梁构件不同，梁构件分为平面注写和截面注写两种平法表达方式。

板构件的平面表达方式，就是在板平面布置图上，采用平面注写的方式，直接标注板构件的各数据项。具体标注时，按"板块"分别标注其集中标注和原位标注的数据项。

板构件的平面表达方式，见图 8-1-2。

"X"和"Y"向的确定：

（1）当两向轴网正交布置时，图面从左至右为 X 向，从下至上为 Y 向；

（2）当轴网转折时，局部坐标方向顺轴网转折角度做相应转折；

（3）当轴网向心布置时，切向为 X 向，径向为 Y 向。

此外，对于平面布置比较复杂的区域，如轴网转折交界区域、向心布置的核心区域等，其平面坐标方向应由设计者另行规定并在图上明确表示。

2. 集中标注识图

有梁楼盖板的集中标注，按"板块"进行划分，就类似前面章节讲解筏形基础时的

平面表达方式 ── 平面 注写方式

数据项
- 编号
- 板厚
- 贯通纵筋
- 板支座上部非贯通纵筋
- 板面标高不同时的标高高差
- 悬挑板上部受力钢筋

有梁楼盖板数据标注方式
- 集中标注
  - 编号
  - 构件尺寸
  - 纵筋(单层或双层)
  - 板面标高高差(选注)
- 原位标注
  - 板支座上部非贯通纵筋(支座负筋)
  - 悬挑板上部受力筋(选注)

无梁楼盖板数据标注方式
- 集中标注
  - 板带编号
  - 板带厚,板带宽
  - 箍筋(选注,有暗梁时需要)
  - 贯通纵筋
- 原位标注
  - 板带支座上部非贯通纵筋(支座负筋)

暗梁数据标注方式
- 集中标注
  - 编号
  - 截面尺寸
  - 箍筋
  - 上部通长筋或架立筋
- 原位标注
  - 上部纵筋
  - 下部纵筋

楼板相关构造
- 纵筋加强带
- 后浇带
- 柱帽
- 局部升降板
- 板加腋
- 板开洞
- 板翻边
- 角部加强筋
- 悬挑板阴角附加筋
- 悬挑阳角放射筋
- 抗冲切箍筋
- 抗冲切弯起筋

板构件平法识图知识体系

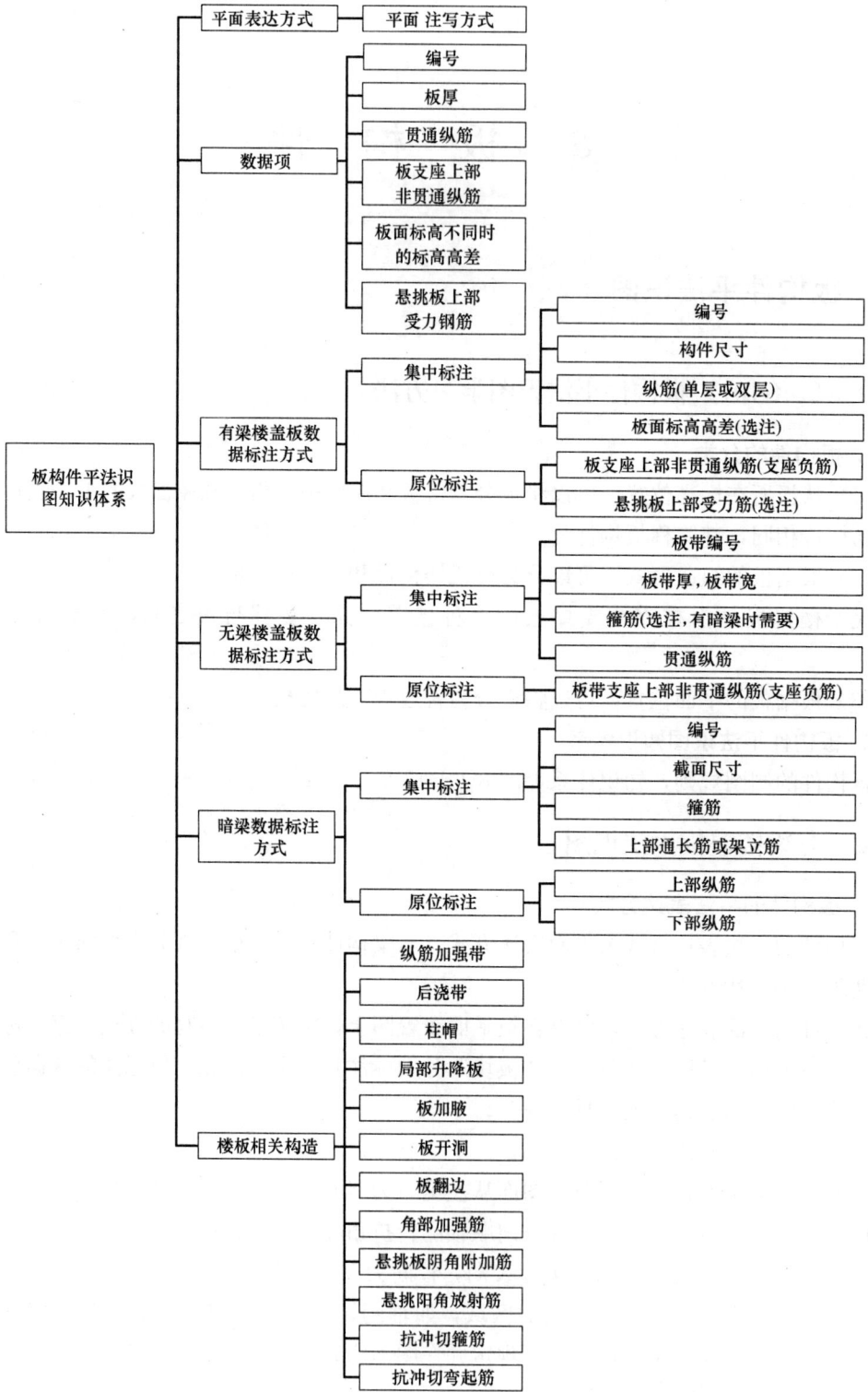

图 8-1-1　板构件平法识图知识体系

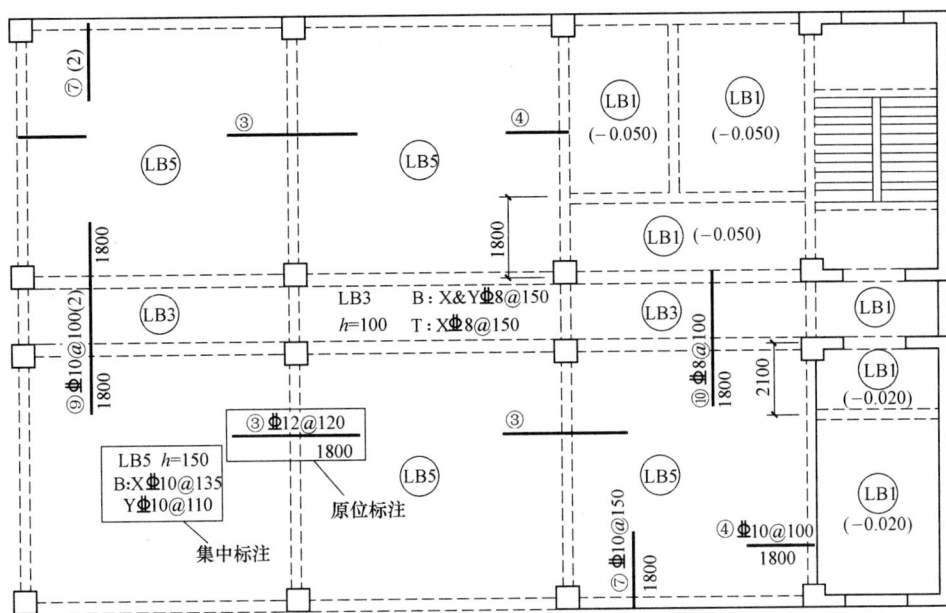

图 8-1-2 板平面表达方式

"板区"。"板块"的概念：对于普通楼盖，两向（X 和 Y 两个方向）均以一跨为一板块；对于密肋楼盖，两向主梁（框架梁）均以一跨为一板块，见图 8-1-3。

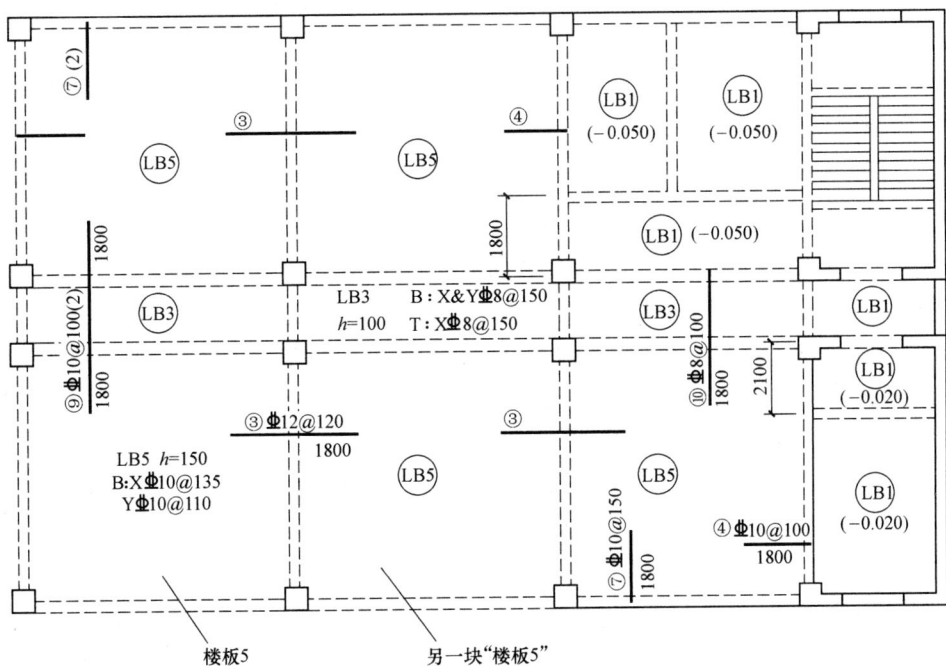

图 8-1-3 "板块"划分

（1）集中标注的内容

有梁楼盖板的集中标注，见图 8-1-4，包括板块编号、板厚、上部贯通纵筋，下部纵筋以及当板面标高不同时的标高差。

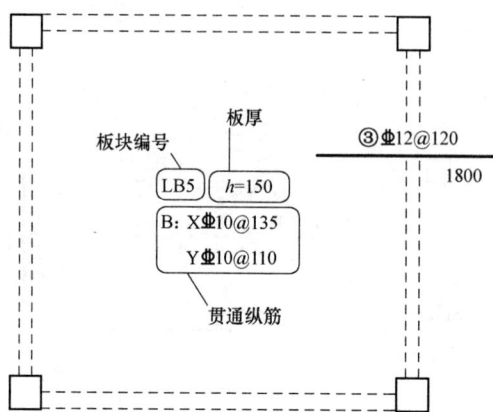

图 8-1-4　有梁楼盖板集中标注内容

（2）板块编号识图

板块编号由"代号"＋"序号"组成，板块编号，见表 8-1-1。

板块编号　　　　　　　　　　　　　　　　　　表 8-1-1

板　类　型	代　号	序　号
楼面板	LB	××
屋面板	WB	××
悬挑板	XB	××

（3）纵筋识图

板构件的纵筋，按板块的下部纵筋和上部贯通纵筋分别注写（当板块上部不设贯通纵筋时则不注），并以 B 代表下部纵筋，以 T 代表上部贯通纵筋，B&T 代表下部与上部；X 向纵筋以 X 打头，Y 向纵筋以 Y 打头，两向纵筋配置相同时则以 X&Y 打头。

当为单向板时，分布筋可不必注写，而在图中统一注明。

当在某些板内（例如悬挑板 XB 的下部）配置有构造钢筋时，则 X 向以 Xc，Y 向以 Yc 打头注写。

当 Y 向采用放射配筋时（切向为 X 向，径向为 Y 向），设计者应注明配筋间距的定位尺寸。

当纵筋采用两种规格钢筋"隔一布一"方式时，表达为 Φxx/yy@×××，表示直径为 xx 的钢筋和直径为 yy 的钢筋二者之间间距为×××，直径 xx 的钢筋的间距为×××的 2 倍，直径 yy 的钢筋的间距为×××的 2 倍。

板构件的纵筋，有"单层"/"双层"、"单向"/"双向"的配置方式。

【例】　B：XΦ10@150　YΦ10@180，表示双向配筋，X 和 Y 向均有底部贯通纵筋；

单层配筋，底部贯通纵筋 X 向为Φ10@150，Y 向为Φ10@180，板上部未配置贯通纵筋。

　　【例】 B：X&Yφ10@150，表示双向配筋，X 和 Y 向均有底部贯通纵筋；单层配筋，只是底部贯通纵筋，没有板顶部贯通纵筋；底部贯通纵筋 X 向和 Y 向配筋相同，均为φ10@150。

　　【例】 B：X&Yφ10@150　T：X&Yφ10@150，表示双向配筋，底部和顶部均为双向配筋；双层配筋，既有板底贯通纵筋，又有板顶贯通纵筋；底部贯通纵筋 X 向和 Y 向配筋相同，均为φ10@150；顶部贯通纵筋 X 向和 Y 向配筋相同，均为φ10@150。

　　【例】 B：X&Yφ10@150　T：Xφ10@150，表示双层配筋，既有板底贯通纵筋，又有板顶贯通纵筋；板底为双向配筋，底部贯通纵筋 X 向和 Y 向配筋相同，均为φ10@150；板顶部为单向配筋，顶部贯通纵筋 X 向为φ10@150。

3. 原位标注识图

（1）认识有梁楼盖板原位标注

　　有梁楼盖板原位标注为板支座原位标注。板支座原位标注的内容为：板支座上部非贯通纵筋和悬挑板上部受力钢筋。

（2）板支座上部非贯通纵筋识图

　　板支座原位标注的钢筋，应在配置相同跨的第一跨表达（当在梁悬挑部位单独配置时则在原位表达）。在配置相同跨的第一跨（或梁悬挑部位），垂直于板支座（梁或墙）绘制一段适宜长度的中粗实线（当该筋通长设置在悬挑板或短跨板上部时，实线段应画至对边或贯通短跨），以该线段代表支座上部非贯通纵筋，并在线段上方注写钢筋编号（如①、②等）、配筋值、横向连续布置的跨数（注写在括号内，且当为一跨时可不注），以及是否横向布置到梁的悬挑端。

　　【例】 （××）为横向布置的跨数，（××A）为横向布置的跨数及一端的悬挑梁部位，（××B）为横向布置的跨数及两端的悬挑梁部位。

　　板支座上部非贯通筋自支座中线向跨内的伸出长度，注写在线段的下方位置。

　　当中间支座上部非贯通纵筋向支座两侧对称伸出时，可仅在支座一侧线段下方标注伸出长度，另一侧不注，见图 8-1-5。

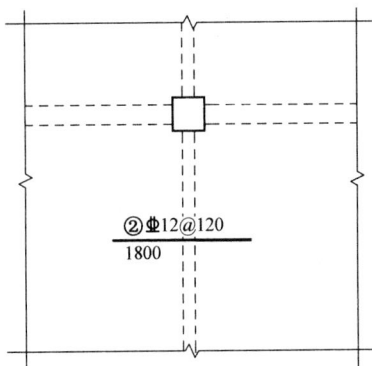

图 8-1-5　板支座上部非贯通筋对称伸出

当向支座两侧非对称伸出时，应分别在支座两侧线段下方注写伸出长度，见图 8-1-6。

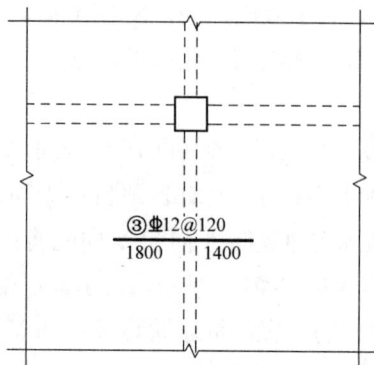

图 8-1-6　板支座上部非贯通筋非对称伸出

对线段画至对边贯通全跨或贯通全悬挑长度的上部通长纵筋，贯通全跨或伸出至全悬挑一侧的长度值不注，只注明非贯通筋另一侧的伸出长度值，见图 8-1-7。

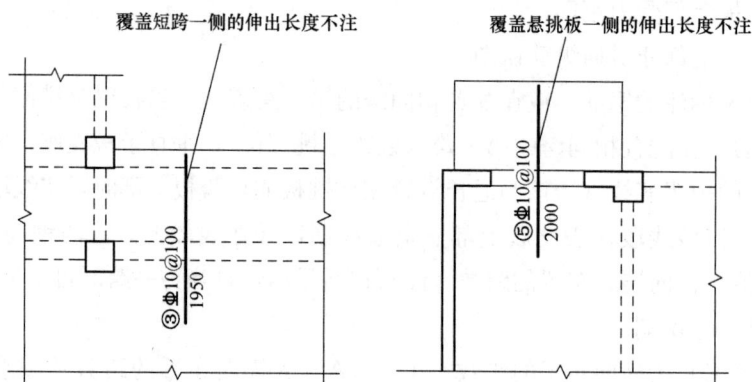

图 8-1-7　板支座上部非贯通筋贯通全跨或伸至悬挑端

当板支座为弧形，支座上部非贯通纵筋呈放射状分布时，设计者应注明配筋间距的度量位置并加注"放射分布"四字，必要时应补绘平面配筋图，见图 8-1-8。

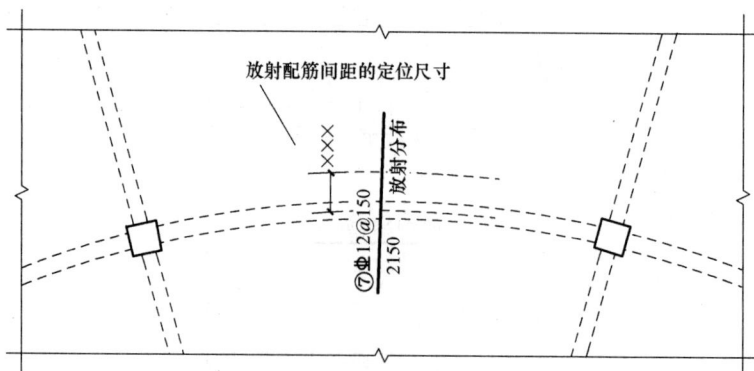

图 8-1-8　弧形支座处放射配筋

关于悬挑板的注写方式见图 8-1-9。当悬挑板端部厚度不小于 150 时，设计者应指定板端部封边构造方式，当采用 U 形钢筋封边时，尚应指定 U 形钢筋的规格、直径。

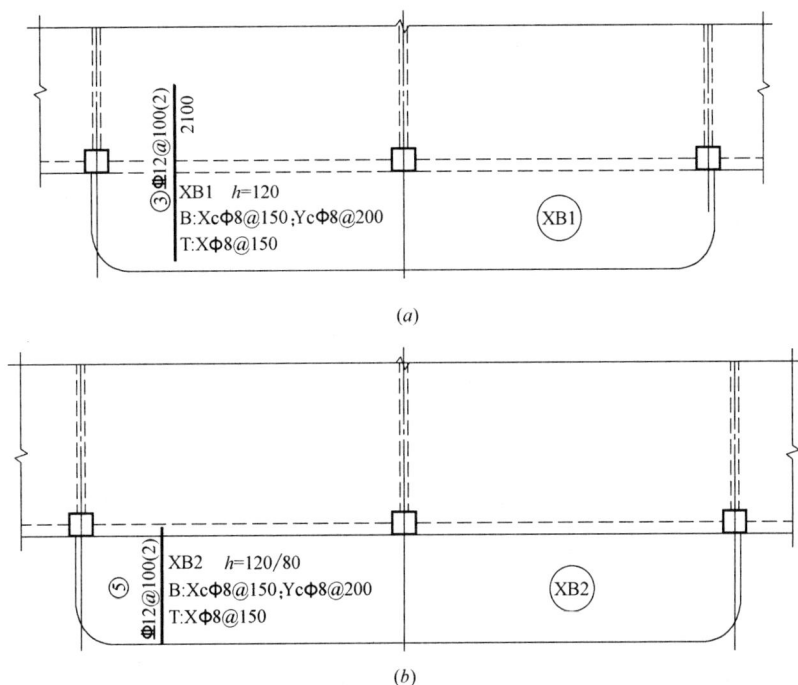

图 8-1-9　悬挑板支座非贯通筋

在板平面布置图中，不同部位的板支座上部非贯通纵筋及悬挑板上部受力钢筋，可仅在一个部位注写，对其他相同者则仅需在代表钢筋的线段上注写编号及按本条规则注写横向连续配置的跨数即可。

【例】　在板平面布置图某部位，横跨支承梁绘制的对称线段上注有⑦Φ12@100（5A）和 1500，表示支座上部⑦号非贯通纵筋为Φ12@100，从该跨起沿支承梁连续布置 5 跨加梁一端的悬挑端，该筋自支座中线向两侧跨内的伸出长度均为 1500 在同一板平面布置图的另一部位横跨梁支座绘制的对称线段上注有⑦（2）者，系表示该筋同⑦号纵筋，沿支承梁连续布置 2 跨，且无梁悬挑端布置。

此外，与板支座上部非贯通纵筋垂直且绑扎在一起的构造钢筋或分布钢筋，应由设计者在图中注明。

当板的上部已配置有贯通纵筋，但需增配板支座上部非贯通纵筋时，应结合已配置的同向贯通纵筋的直径与间距采取"隔一布一"方式配置。

"隔一布一"方式，为非贯通纵筋的标注间距与贯通纵筋相同，两者组合后的实际间距为各自标注间距的 1/2。当设定贯通纵筋为纵筋总截面面积的 50％时，两种钢筋应取相同直径；当设定贯通纵筋大于或小于总截面面积的 50％时，两种钢筋则取不同直径。

【例】　板上部已配置贯通纵筋Φ12@250，该跨同向配置的上部支座非贯通纵筋为⑤

Φ12@250，表示在该支座上部设置的纵筋实际为Φ12@125，其中 1/2 为贯通纵筋，1/2 为⑤号非贯通纵筋（伸出长度值略）。

【例】 板上部已配置贯通纵筋Φ10@250，该跨配置的上部同向支座非贯通纵筋为③Φ12@250，表示该跨实际设置的上部纵筋为Φ10 和Φ12 间隔布置，二者之间间距为125。

4. 相关构造识图

板构件的相关构造，包括：纵筋加强带、后浇带、柱帽、局部升降板、板加腋、板开洞、板翻边、角部加强筋、悬挑板阴角附加筋、悬挑阳角放射筋、抗冲切箍筋、抗冲切弯起筋，其平法表达方式系在板平法施工图上采用直接引注方式表达。

楼板相关构造编号，见表 8-1-2。

楼板相关构造类型编号   表 8-1-2

构 造 类 型	代　号	序　号	说　　明
纵筋加强带	JQD	××	以单向加强筋取代原位置配筋
后浇带	HJD	××	有不同的留筋方式
柱帽	ZMx	××	适用于无梁楼盖
局部升降板	SJB	××	板厚及配筋所在板相同；构造升降高度≤300
板加腋	JY	××	腋高与腋宽可选注
板开洞	BD	××	最大边长或直径＜1000；加强筋长度有全跨贯通和自洞边锚固两种
板翻边	FB	××	翻边高度≤300
角部加强筋	Crs	××	以上部双向非贯通加强钢筋取代原位置的非贯通配筋
悬挑板阴角附加筋	Cis	××	板悬挑阴角上部斜向附加钢筋
悬挑阳角放射筋	Ces	××	板悬挑阳角上部放射筋
抗冲切箍筋	Rh	××	通常用于无柱帽无梁楼盖的柱顶
抗冲切弯起筋	Rb	××	通常用于无柱帽无梁楼盖的柱顶

对板构件相关构造的识图，本节不做展开讲解，只以"纵筋加强带"为例，略为讲解，见图 8-1-10。

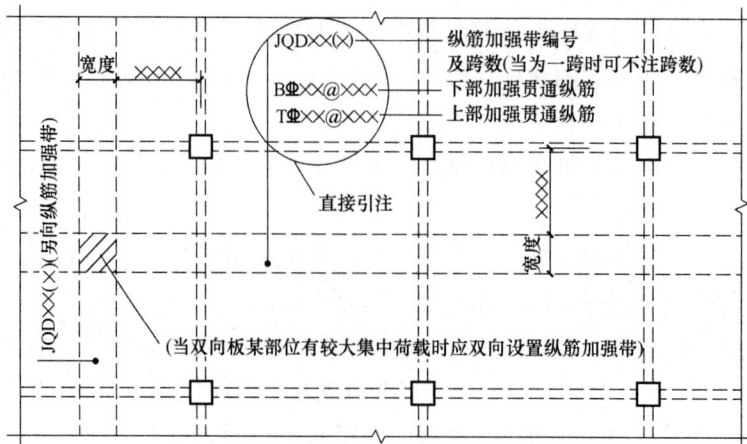

图 8-1-10 纵筋加强带 JQD 直接引注

8.2 现浇板（楼板/屋面板）钢筋构造

本节主要介绍板构件的钢筋构造，即板构件的各种钢筋在实际工程中可能出现的各种构造情况。按构件组成、钢筋组成，将板构件的钢筋构造情况知识体系总结为图 8-2-1 所示的内容。

板构件可分为"有梁板"和"无梁板"，本书主要讲解有梁板板构件中的主要钢筋构造。

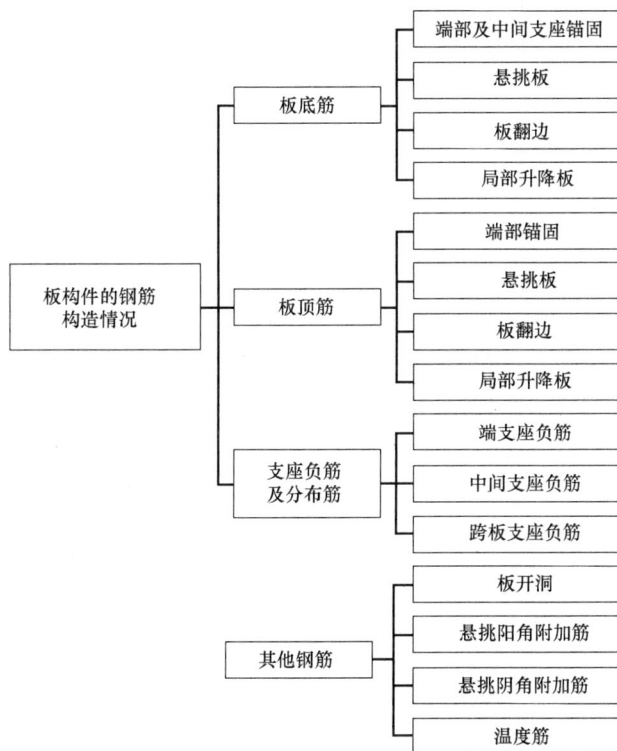

图 8-2-1 板构件钢筋构造知识体系

8.2.1 板底筋钢筋构造

1. 端部锚固构造及根数构造

板底筋端部锚固构造，见表 8-2-1。

板底筋端部锚固构造　　　　　　　　　　　　表 8-2-1

类　型	识　图	钢筋构造要点
端部支座为梁（普通楼屋面板）	≥5d且至少到梁中线	≥5d 至少到支座中线

类　　型	识　　图	钢筋构造要点
端部支座为梁（用于梁板式转换层的楼面板）	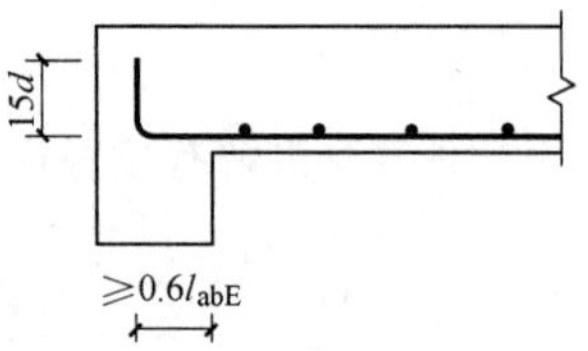	端部支座的直锚长度≥0.6l_{abE}
端部支座为剪力墙中间层	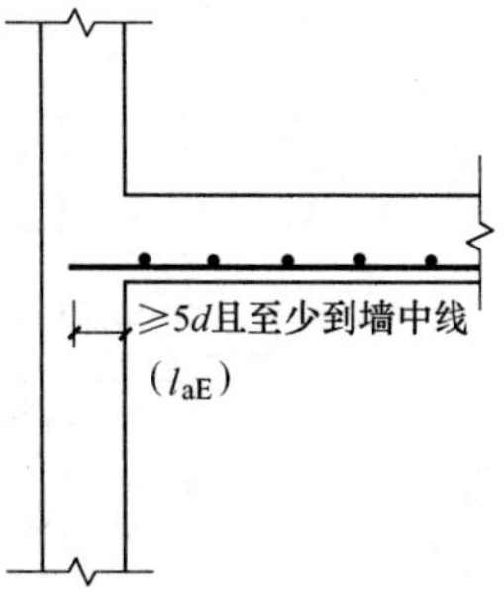	≥5d且至少到支座中线 括号内的数值用于梁板式转换层的板,当板下部纵筋直锚长度不足时,可弯锚见下图 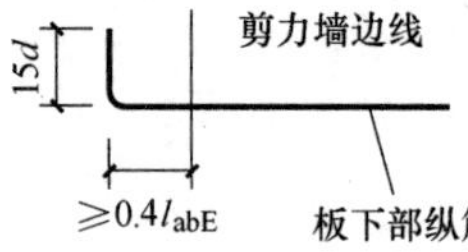
端部支座为剪力墙墙顶	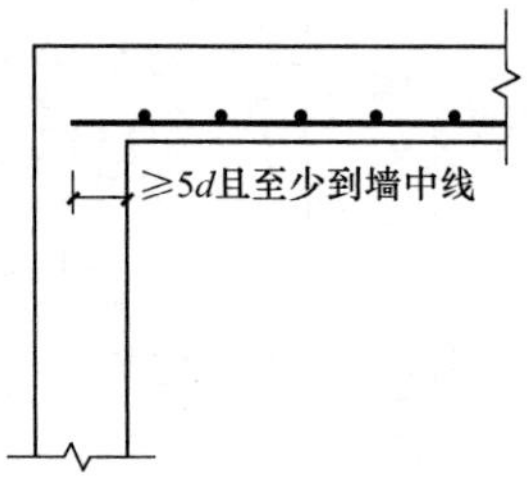	≥5d且至少到支座中线
板底筋为一级光圆钢筋	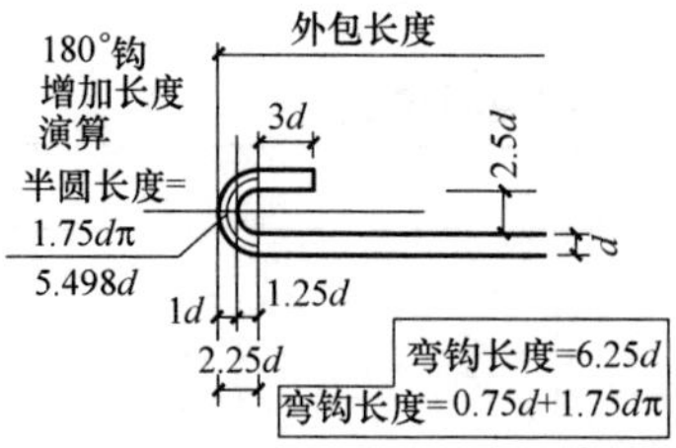	板底筋若为一级光圆钢筋,两端加180°弯钩,弯钩长度＝6.25d（板底筋为受拉钢筋）

2. 中间支座锚固构造

板底筋中间支座锚固构造，见表 8-2-2。

板底筋中间支座锚固 表 8-2-2

钢筋构造要点	识 图
端部支座和中间支座锚固相同： 梁、剪力墙、砌体墙的圈梁：≥5*d* 且至少到支座中线； 砌体墙：≥120，≥*h*，≥墙厚/2	≥5*d*且至少到梁中线（*l*_{aE}）
（1）板底筋按"板块"分别锚固，没有板底贯通筋； （2）一级光圆钢筋两端加180°弯钩（板底筋为受拉钢筋）	是否设置板上部贯通纵筋根据具体设计 上部贯通纵筋连接区 ≤跨中*l*_n/2 上部贯通纵筋连接区 ≤跨中*l*_n/2 向跨内伸出长度按设计标注 ≥0.3*l*_l 向跨内伸出长度按设计标注 ≥0.3*l*_l 向跨内伸出长度按设计标注 距梁边为1/2板筋间距 距梁边为1/2板筋间距 距梁边为1/2板筋间距 ≥5*d*且至少到梁中线（*l*_{aE}） 支座宽度 *l*_n 支座宽度 *l*_n 支座宽度

3. 悬挑板底部构造筋构造

延伸悬挑板底部构造钢筋，见表 8-2-3。

延伸悬挑板底部构造钢筋 表 8-2-3

钢筋构造要点	识 图
延伸悬挑板底部钢筋构造锚入支座≥12*d*且至少到支座中心线	跨内板上部另向受力纵筋、构造或分布筋 距梁边为1/2板筋间距 构造或分布筋 ≥12*d*且至少到梁中线（*l*_{aE}） 构造或分布筋 构造筋

续表

钢筋构造要点	识　图
延伸悬挑板底部钢筋构造锚入支座≥12d 且到支座中心线	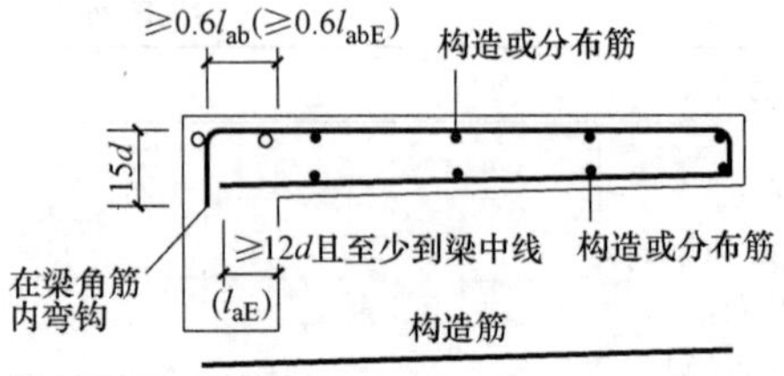

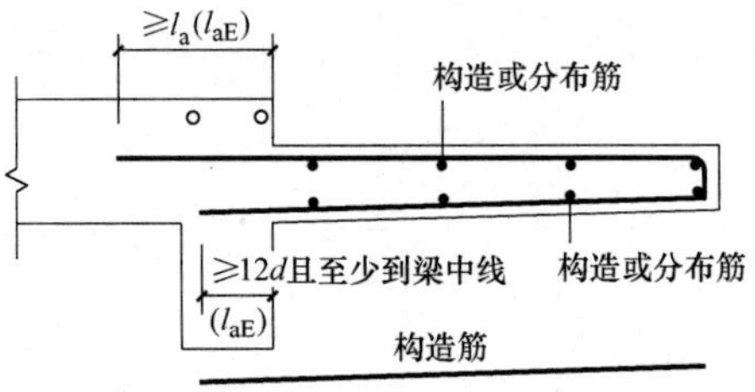

8.2.2 板顶筋钢筋构造

1. 端部锚固构造及根数构造

板顶筋端部锚固构造，见表8-2-4。

板顶筋端部锚固构造 表8-2-4

类　型	识　图	钢筋构造要点
端部支座为梁 (普通楼屋面板)	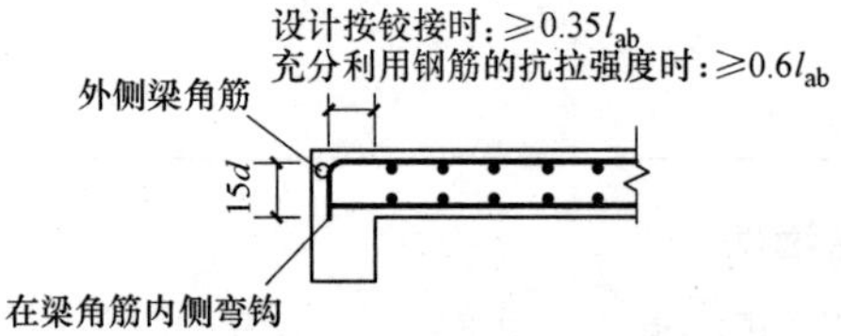	板顶筋在梁角筋内侧弯折15d
端部支座为梁 (用于梁板式转换层的楼面板)	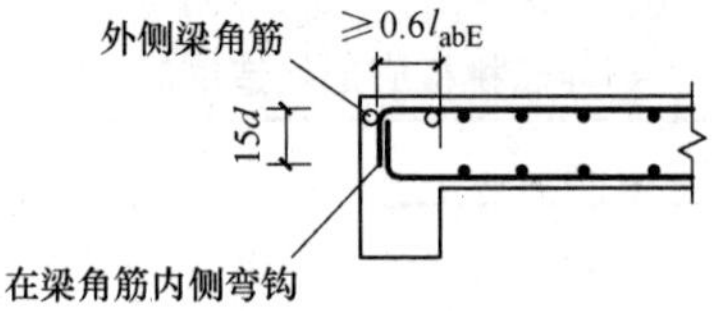	板顶筋在梁角筋内侧弯折15d
端部支座为剪力墙中间层	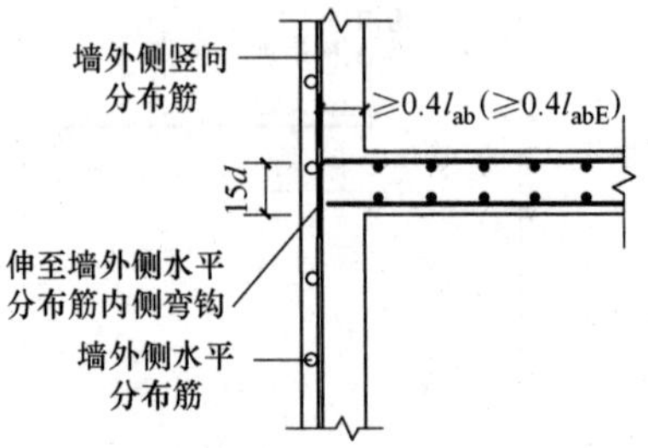	板顶筋在墙内侧弯折15d 括号内的数值用于梁板式转换层的板

续表

类　型	识　图	钢筋构造要点
端部支座为剪力墙墙顶（板端按铰接设计时）	伸至墙外侧水平分布筋内侧弯钩 ≥0.35l_{ab}　15d　墙外侧水平分布筋	板顶筋在墙内侧弯折 15d
端部支座为剪力墙墙顶（板端上部纵筋按充分利用钢筋的抗拉强度时）	伸至墙外侧水平分布筋内侧弯钩 ≥0.6l_{ab}　15d　墙外侧水平分布筋	板顶筋在墙内侧弯折 15d
端部支座为剪力墙墙顶（搭接连接）	15d　l_l　断点位置低于板底　墙外侧水平分布筋	在断点位置低于板底，搭接长度为 l_l，弯折水平段长度为 15d

2. 板顶贯通筋中间连接（相邻跨配筋相同）

板顶贯通筋中间连接构造，见图 8-2-2。

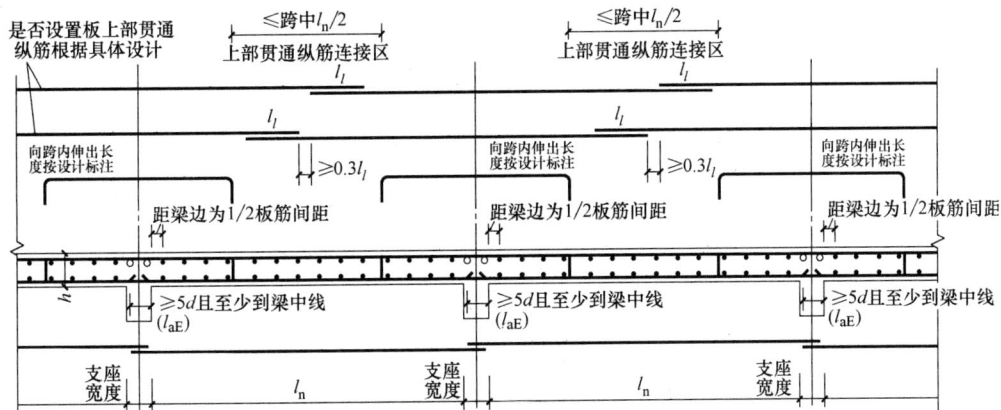

图 8-2-2　板顶贯通筋中间连接构造（一）

板顶贯通筋中间连接钢筋构造要点：

（1）板顶贯通筋的连接区域为跨中 $l_n/2$（l_n 为相邻跨较大跨的轴线尺寸）；

（2）预算时，一般按定尺长度计算接头

3. 板顶贯通筋中间连接（相邻跨配筋不同）

板顶贯通筋中间连接构造，见图 8-2-3。

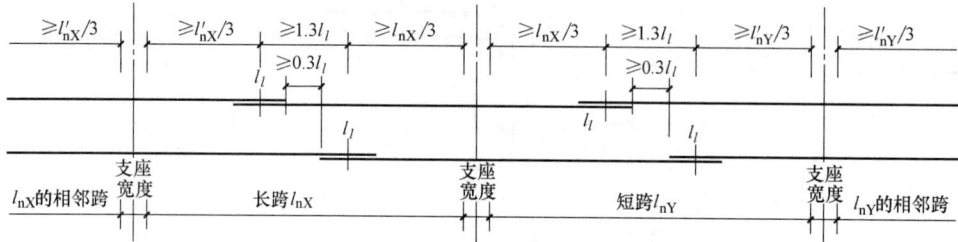

图 8-2-3 板顶贯通筋中间连接构造（二）

板顶贯通筋中间连接钢筋构造要点：

相邻两跨板顶贯通筋配筋不同时，配筋较大的伸至配置较小的跨中 $l_n/3$ 范围内连接

4. 延伸悬挑板顶部构造筋构造

延伸悬挑板顶部构造钢筋，见表 8-2-5。

延伸悬挑板顶部构造钢筋 表 8-2-5

钢筋构造要点	识 图
（1）延伸悬挑板板顶受力筋由跨内板顶筋直接延伸到悬挑端； （2）延伸悬挑板板顶受力筋的分布筋详见设计标注	

8.2.3 支座负筋构造

中间支座负筋一般构造，见图 8-2-4。

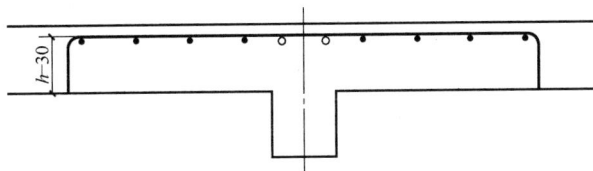

图 8-2-4 中间支座负筋一般构造

中间支座负筋一般钢筋构造要点：

（1）中间支座负筋的延伸长度是指自支座中心线向跨内的长度；

（2）弯折长度为 $h-30$，也就是板厚减上下保护层；

（3）支座负筋分布筋：

长度：支座负筋的布置范围；

根数：从梁边起步布置。

8.2.4 其他钢筋

1. 板开洞

板开洞钢筋构造，见表 8-2-6。

表 8-2-6

板开洞钢筋构造

类型	识 图	钢筋构造要点
板中开洞		洞口补强筋： 板洞不大于 300mm 时，不设补强筋

续表

类型	识 图	钢筋构造要点
梁边或墙边开洞	梁或墙 梁或墙	洞口补强筋： 板洞不大于300mm时，不设补强筋
梁交角或墙角开洞	梁或墙 梁或墙	
板中开洞	X向补强纵筋 X向补强纵筋 环向补强钢筋搭接1.2l_a X向补强纵筋 Y向补强纵筋	洞口补强筋： 大于300mm但不大于1000mm时，洞边增加补强筋，规格和长度按设计标注，设计未注明时，按不小于12mm且不小于洞边被截断的纵筋的50%配置
梁边或墙边开洞	Y向补强纵筋 X向补强纵筋 X向补强纵筋 环向补强钢筋搭接1.2l_a X向补强纵筋 梁或墙	

2. 温度筋、悬挑阴角补充加强筋

温度筋、悬挑阴角补充加强筋构造要点：

（1）温度筋：当板跨度较大，板厚较厚，既没有配置板顶受力筋时，为防止板混凝土受温度变化自行开裂，在板顶部设置温度构造筋，两端与支座负筋连接。

（2）温度筋的设置由设计标注。

（3）悬挑阴角补充附加钢筋。

8.3 板构件钢筋实例计算

上一节讲解了板构件的平法钢筋构造，本节就这些钢筋构造情况举实例计算。

本小节所有构件的计算条件，见表 8-3-1。

钢筋计算条件　　　　　　　　　　　　　　　　表 8-3-1

计 算 条 件	值
抗震等级	一级抗震
混凝土强度	C30
纵筋连接方式	板顶筋：绑扎搭接 板底筋：分跨锚固
钢筋定尺长度	9000mm

8.3.1 板底筋计算实例

1. 平法施工图

LB1 平法施工图，见图 8-3-1。

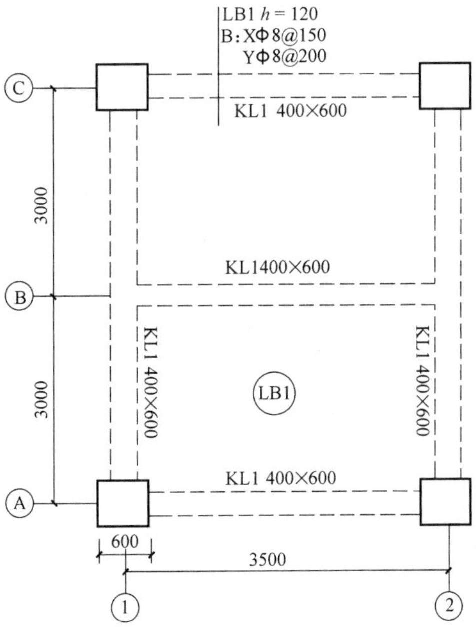

图 8-3-1　LB1

2. 钢筋计算

(1) 计算参数

① 板保护层厚度 $c=15$mm；

② 梁保护层＝20mm；

③ 起步距离＝1/2 钢筋间距。

(2) 钢筋计算过程

1）B-C 轴

① Xϕ8@150

$$端支座锚固长度＝\max(h_b/2,5d)＝\max(200,5\times8)＝200$$
$$180°弯钩长度＝6.25d$$
$$总长＝净长＋端支座锚固＋弯钩长度＝3500-400+2\times200+2\times6.25\times8＝3600$$
$$根数＝(钢筋布置范围长度-起步距离)/间距+1$$
$$＝(3000-400-150)/150+1＝18$$

② Yϕ8@200

$$端支座锚固长度＝\max(h_b/2,5d)＝\max(200,5\times8)＝200$$
$$180°弯钩长度＝6.25d$$
$$总长＝净长＋端支座锚固＋弯钩长度＝3000-400+2\times200+2\times6.25\times8＝3100$$
$$根数＝(钢筋布置范围长度-起步距离)/间距+1$$
$$＝(3500-400-2\times100)/200+1＝16$$

2）A-B 轴

① Xϕ8@150

$$端支座锚固长度＝\max(h_b/2,5d)＝\max(200,5\times8)＝200$$
$$180°弯钩长度＝6.25d$$
$$总长＝净长＋端支座锚固＋弯钩长度＝3500-400+2\times200+2\times6.25\times8＝3600$$
$$根数＝(钢筋布置范围长度-起步距离)/间距+1$$
$$＝(3000-400-150)/150+1＝18$$

② Yϕ8@200

$$端支座锚固长度＝\max(h_b/2,5d)＝\max(200,5\times8)＝200$$
$$180°弯钩长度＝6.25d$$
$$总长＝净长＋端支座锚固＋弯钩长度＝3000-400+2\times200+2\times6.25\times8＝3100$$
$$根数＝(钢筋布置范围长度-起步距离)/间距+1$$
$$＝(3600-400-2\times100)/200+1＝16$$

8.3.2 板顶筋计算实例

1. 平法施工图

LB2 平法施工图，见图 8-3-2，其中四周梁宽 300。

LB2 *h* = 100 B：X&YΦ8@200
T：X&YΦ8@200

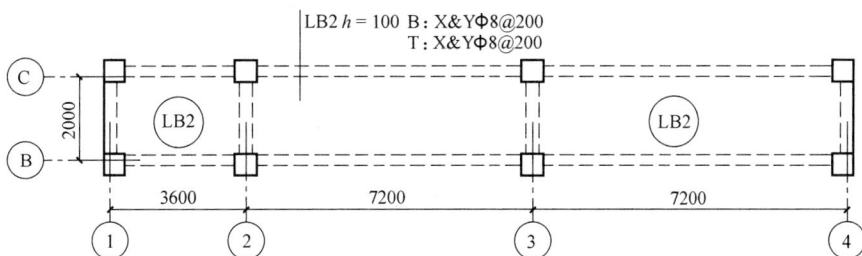

图 8-3-2 LB2

2. 钢筋计算

（1）计算参数

① 板保护层厚度 $c=15\text{mm}$；

② 梁保护层$=20\text{mm}$；

③ 起步距离$=1/2$钢筋间距。

（2）钢筋计算过程

1）XΦ8@200

① 端支座锚固长度$=30d=30\times8=240$

总长$=$净长$+$端支座锚固$=3600+2\times7200-300+2\times300=18300$

接头个数$=18300/9000-1=2$

② 根数$=$（钢筋布置范围长度$-$两端起步距离）/间距$+1$

$=(2000-300-2\times100)/200+1=9$

2）YΦ8@200

① 端支座锚固长度$=30d=30\times8=240$

总长$=$净长$+$端支座锚固$=2000-300+2\times300=2300$

接头个数$=18300/9000-1=2$

② 根数$=$（钢筋布置范围长度$-$两端起步距离）/间距$+1$

1-2轴$=(3600-300-2\times100)/200+1=17$

2-3轴$=(7200-300-2\times100)/200+1=35$

3-4轴$=(7200-300-2\times100)/200+1=35$

8.3.3 支座负筋计算实例

1. 中间支座负筋

（1）平法施工图

中间支座负筋平法施工图，见图 8-3-3，其中四周梁宽 300，图中未注明分布筋为 $\phi6$@200。

（2）钢筋计算

1）计算参数

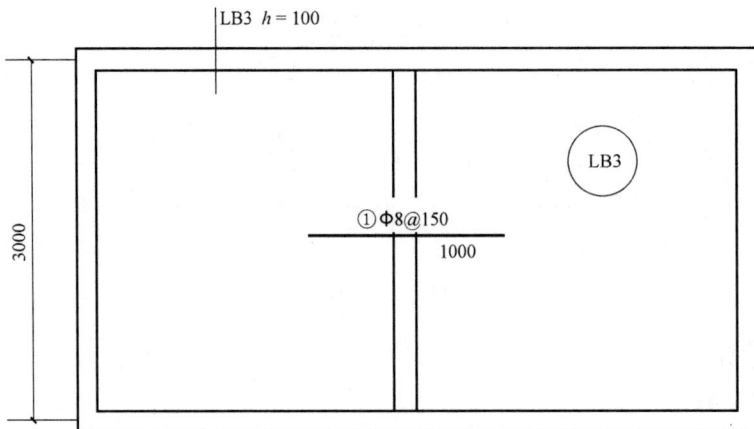

图 8-3-3 中间支座负筋

① 板保护层厚度 $c=15\text{mm}$；

② 梁保护层$=20\text{mm}$；

③ 起步距离$=1/2$钢筋间距。

2）钢筋计算过程

① ①号支座负筋

$$弯折长度=h-15=100-15=85$$

$$总长度=平直段长度+两端弯折=2×1000+2×85=2170$$

$$根数=(布置范围净长-两端起步距离)/间距+1$$

$$=(3000-300-2×75)/150+1=18$$

② ①号支座负筋的分布筋

$$负筋布置范围长=3000-300=2700$$

$$单侧根数=(1000-150)/200+1=6根$$

两侧共 12 根。

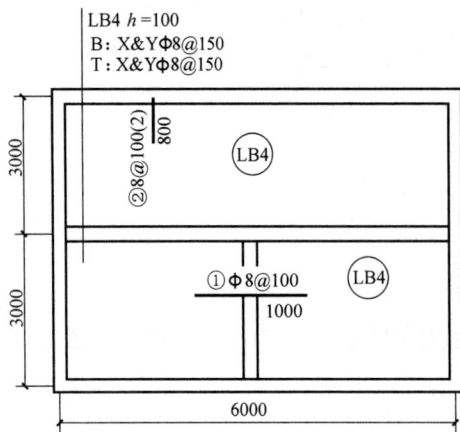

图 8-3-4 端支座负筋

2. 端支座负筋

（1）平法施工图

端支座负筋平法施工图，见图 8-3-4，其中四周梁 $300×500$，图中未注明分布筋为$\phi 6@200$。

（2）钢筋计算

1）计算参数

① 板保护层厚度 $c=15\text{mm}$；

② 梁保护层$=20\text{mm}$；

③ 起步距离$=1/2$钢筋间距。

2）钢筋计算过程

① ②号支座负筋

$$弯折长度＝h-15＝100-15＝85$$
$$总长度＝平直段长度＋两端弯折＝800＋150-15＋2×85＝1105$$
$$根数＝(布置范围净长-两端起步距离)/间距＋1$$
$$＝(6000-300-2×50)/100＋1＝57$$

② ②号支座负筋的分布筋

$$负筋布置范围长＝6000-300＝5700$$
$$单侧根数＝(800-150)/200＋1＝4根$$

3. 跨板支座负筋

(1) 平法施工图

跨板支座负筋平法施工图，见图 8-3-5，其中四周梁 300×500，图中未注明分布筋为 φ6@200。

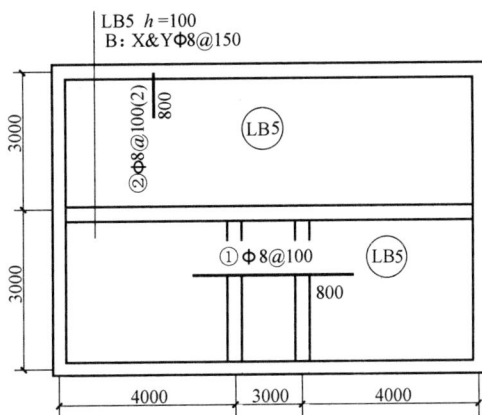

图 8-3-5 跨板支座负筋

(2) 钢筋计算

1) 计算参数

① 板保护层厚度 $c＝15mm$；

② 梁保护层＝20mm；

③ 起步距离＝1/2 钢筋间距。

2) 钢筋计算过程

① ①号支座负筋

$$弯折长度＝h-15＝100-15＝85$$
$$总长度＝平直段长度＋两端弯折＝3000＋2×800＋2×85＝4770$$
$$根数＝(布置范围净长-两端起步距离)/间距＋1$$
$$＝(3000-300-2×50)/100＋1＝27$$

② ①号支座负筋的分布筋

$$负筋布置范围长＝3000-300＝2700$$
$$单侧根数＝(800-150)/200＋1＝4根$$

中间根数＝(3000－300－100)/200＋1＝14根

总根数＝8＋14＝22 根

习 题

1. 请将下表填写完整。

构件名称	楼面板		柱上板带		悬挑板阴角附加筋	
构件代号		XB		BD		Ces

2. LB5 $h=100$

 B: X ϕ 12@120；Y ϕ 10@110 的含义是什么?

3. ZSB2（4A） $h=300$ $b=3000$

 B: ϕ 16@100；T: ϕ 18@200 的含义是什么?

参 考 文 献

[1] 中国建筑标准设计研究院. 16G101-1 混凝土结构施工图平面整体表示方法制图规则和构造详图（现浇混凝土框架、剪力墙、梁、板）. 北京：中国计划出版社，2016.

[2] 中国建筑标准设计研究院. 16G101-2 混凝土结构施工图平面整体表示方法制图规则和构造详图（现浇混凝土板式楼梯）. 北京：中国计划出版社，2016.

[3] 中国建筑标准设计研究院. 16G101-3 混凝土结构施工图平面整体表示方法制图规则和构造详图（独立基础、条形基础、筏形基础、桩基础）. 北京：中国计划出版社，2016.

[4] 中国建筑标准设计研究院. 12G901-1 混凝土结构施工钢筋排布规则与构造详图（现浇混凝土框架、剪力墙、梁、板）. 北京：中国计划出版社，2012.

[5] 国家标准. 混凝土结构设计规范（2015 年版）（GB 50010—2010）[S]. 北京：中国建筑工业出版社，2010.

[6] 国家标准. 建筑抗震设计规范（GB 50011—2010）[S]. 北京：中国建筑工业出版社，2010.

[7] 国家标准. 建筑结构制图标准（GB/T 50105—2010）[S]. 北京：中国建筑工业出版社，2010.

[8] 上官子昌主编. 平法钢筋识图与计算细节详解 [M]. 北京：机械工业出版社，2011.

《房建施工实战系列课程》

《房建施工实战系列课程》针对施工一线人员和高级管理人员的职业特点和工作需要，选取施工人员日常必备的职业技能进行讲解，内容来自一线，接近实战。

本视频系列课程一共包含47门独立课程和9个课程套餐，既可以单独购买，又可以根据自己工作需要以较低的价格成套购买。每个课程都提供了一段免费课程内容让大家观看，以便了解该课程内容。

读者可访问 www.cabplink.com 观看或购买本视频课程（路径如右图）。现在购买视频，可以赠送中国建筑工业出版社出版的施工类图书。

读者还可扫描建工社视频课程二维码观看并购买本视频课程（路径如下）。